当代湖湘伦理学文库
主编　李建华

李泽厚集

李泽厚　著

岳麓書社

“当代湖湘伦理学文库”编辑委员会

“当代湖湘伦理学文库”总序

万俊人

夫伦理者，伦之序，礼（理）之分，道之德也。而伦理学之所谓者，乃关乎伦理道德之哲学学问也。汉语中，“伦”“理”二字初见于《尚书》《诗经》《易经》诸典，而后《礼记》首次以“乐通伦理”将之连用，始成一词，其义理生焉。与之相关者，当谓“道德”一词，始出不一而义理相较近之莫若。“道德”之用始于老子《道德经》，其意较“伦理”远为广泛，后与之趋近，深蕴自然人伦之达道、天地本性之大德也。凡此种种，唯古希腊先哲之“mose”“ethos”二词之理式用法庶几近之。然，古希腊先哲虽多以“礼仪”“风俗”“习惯”等概念释义于“道德”“伦理”，却同时赋予后者以“近神而居”“幸福生活”“本真存义”等诸多义理，从而将关乎道德伦理之研究或学问亦即伦理学或道德哲学之谓者，界定为“幸福之学”（亚里士多德）、“伦理秩序之问”（苏格拉底、柏拉图）。迨至近代，东洋学人借诸吾国元典中“伦理”一词，移译西洋英文之“ethics”，将之译为“伦理学”。此今人所谓伦理学之概要也。

伦理学之为哲学或人文学之一部，固有其义理与论理体系，因之有其作为人类普遍知识之特性在焉。如此识见，自是诚然而当然无疑。然则，伦理学所致力研究之道德伦理却并非必然而然。盖因伦理道德与特定社会或社群之礼仪、风俗、习惯等诸多文化要素间存在千丝万缕之关联及纠葛，且无法脱出其文化或文明之相对性限制，故而道德之理暨伦理之论常常千差万别而难以归宗矣。试举一例：即令在最具民族文化多样性和现代普世价值观念确信之美利坚合众国，对于堕胎、同性恋等行为之礼法约束，亦非国家本一而各州通行，反而各行其是，甚或相互迥异，不可同日而语者甚矣。所谓文化者，本乃寄居于不同地缘环境，拥有不同文明之历史际遇，创造不同语言、艺术、宗教（或信仰体系）之诸多民族文明创化之成就者也，其间纷纭繁复，不亦纷纭杂多乎？夫复足言哉？职是之故，现代文化人类学者竟生多达数百种之“文化”定义。或可极而言之，有多少民族，便有多少种文化或文化传统。不仅国际如此，一国内部之不同区域间亦复如此。人类世界诸不同民族之所以承诺不同之“图腾”与“禁忌”，究其本原，盖因其文化或文化传统之多元分殊使然矣。

或曰：既定文化多元论荦确无疑，伦理学之普遍知识诉求又当如何可能？是耶非耶？难以一言以蔽之！姑且借文学艺术界一名言以答之：“愈民族者则愈世界。”或以现代知识社会学之术语而详说之，可得一论：以人文学暨文化学之视角观之，大凡关于道德伦理之知识首先且必定为某一“地方性知识”，当且仅当其所反映、阐释、论证之“道”理与“伦”理在某种程度上或某种范围内可为其他地方或民族所理解、所认同甚或所接受并践行之，则其“地方性伦理学知识”庶几可逐渐演化扩展为具有“普遍性”——普遍之知识解释力与实践有效性——之伦理学识矣。诚然，某一“地方性伦理学知识”能否且在多大程度上可为“文化他者”所理解、认同、接受，其所需诉诸条件或前提委实甚多，难以尽言。所需明乎其要者或在于，文化——更遑论道德伦理文化——之知所能“普遍化”者，远难于科学技术之知者矣。此所谓意识形态——关于人类意识、观念之学——之争常甚于其他论争之根本缘由所在。以吾陋见，非不可也，实难能可贵也！俟乎时，仰乎势，依乎人，在乎理也。

由是观之，湖湘伦理暨湖湘伦理学实乃中华伦理暨中华伦理学之一部，亦堪称湖湘文化之精髓，其与自由浪漫之楚风文韵、清新厚实之湘派理学、威武勇猛之湘军精神实可谓群峰丛立，合为壮景，共同构成湖湘文化之基本内核与风骨，于中华文化版图中久居显赫之位，常享英华之荣。然而，上溯三千年前之湖湘面貌，唯现巫楚蛮荒，“三苗”（亦谓之“三蛮”）散居，“餐菊饮露、披花戴草、折琼枝而驷飞龙”（借引韩少功《巫楚之野》，《湘水》第二辑，岳麓书社2014年10月），居洞穴而茹野毛，汲汲于湖泽之畔，悠悠乎岭岳之间。不亦蛮乎？不亦苦欤？自然而生息者然也。

冥冥间，忽见楚天灵光闪耀，有屈子自荆楚呼之而来，两千多年阵阵浩叹沉吟，竟引来八方诸贤流寓，四海九派文脉汇融，真可谓四面八方，绵绵不绝，风劲云漫，激流浩荡；五彩纷竞间千秋各显，三教会通后一脉新来。于是乎，楚风生焉，流韵悠焉，文脉畅焉，理学盛焉。熊熊乎篝火燎燃，突突然蒸蒸日上。其势仿若四水汇合于八百里洞庭，“浩浩汤汤，横无际涯”（范仲淹《岳阳楼记》），蔚然而成千年湖湘文化，继之一泻千里，直奔东海，敞开现代湘学湘军湘人之三湘气象。虽难免“长太息以掩涕兮，哀民生之多艰”之《离骚》古调重唱，其悠其厚亦不及中原文化等“地域文化”，却也就此铸就千年湖湘文化暨湖湘伦理之独特大局，之高远格调，之特立精神，之不凡气象。如是可闻：家国不可忘乎？民众不可欺乎？犹听楚汉之屈贾！高洁不能染乎？威武不能屈乎？敢问濂溪周子与船山宏学！忧乐不改其先后天下乎？是非当分于毫厘即时乎？借闻杜诗范记！善恶不与共乎？爱憎必分也明乎？当看曾左谭毛！此吾之谓湖湘伦理精神之大要也。然耶忽耶？吾不敢私裁也，唯三声叩问，百家求教，或可得其法门，入其堂奥，揭橥其隐幽莲香之所谓者也。

然则，吾欲言且敢冒昧直言者，乃在乎湖湘伦理（学）之未竟者、阙失者、不良者种种。作为一独特之地域文化或“地方性知识”，湖湘伦理虽兼综“流寓诸贤”之宏学高义，亦有南人北风、南“腔”北“调”或南北通透之文化品格，可先“苗”后“汉”、开化滞后、久居中华文明之边缘、文明暨文化生长流动不居且多灾多难之地缘文明生成性或文化构成性之特征，遂使其伦理多具某种“文化杂交”（cultural hybridization）之品性，此一品性又或多或少，或直接或间接导致湖湘伦理时常游离于主流正宗之外，纠结于多向头绪之间，曰情与理，曰自由浪漫与规则理性，曰刚毅果断与谨慎从事，曰剑走偏锋与循规蹈矩，以及更紧要者，曰个体自由与群体合作，曰边缘豪气与中心正谋。凡此种种，固大有裨益于湘人成就其“敢为天下先”之英雄壮举，以致千百年来之湖湘大地英雄豪气涌动，然亦埋下过度理想浪漫、两极发力而失之于激进任性，大事当前而无以致“中道”从容，反倒是时生“霸蛮”恣意而弗能自已矣。即令是为时下备受推崇之曾文正公等，虽堪称近世儒家伦理之楷模，却并非湖湘伦理之一般范例。质言之，若以现代科学理性检视其表里，则湖湘伦理（学）尚待改善者多矣，曰自由理性之不足，曰浪漫激情之有余，曰意气豪情之过度种种。阙如若此，倘若多些知行合一之船山理学暨经世致用之曾公日用伦理，少些“霸蛮”或“蛮干”之孟浪意气；或云，若更多借援于康德式或近代德意志之启蒙理性，更少感染卢梭式或近代法兰西之浪漫情绪，则湖湘伦理文化暨湖湘伦理学之当代复兴与未来新生更堪期待。此吾之私见，未知今日湖湘伦理学同仁以为如何？知我罪我，一任诸君，唯盼唯祈是幸！

湖湘伦理自是湖湘文化精神乃至中华伦理文化精神之胜果无疑，本当自珍弘扬以为上策。然近代百年以降，文化自怨甚或文化自虐之风甚嚣尘上，语言与道德之革命自弃者尤盛，自“打倒孔家店”至史无前例的“文化大革命”，文化道德革命之洪流一浪高过一浪。急急乎如天崩地裂，熊熊矣若电闪雷鸣；摧枯拉朽，何其汹涌！不独湖湘文化道德，亦复整个中华文化道德均陷入风雨飘摇、“花果飘零”（唐君毅、牟宗三等新儒家语）之窘境矣。其所以如是，盖因近代国运多舛，中华文明暨文化之现代“大变局”所使然哉！

幸逢时来运转，仰改革开放之力，中华重新崛起于二十暨二十一世纪之交，再接千载，振兴中华，得其时也。开放学习海外新知之余，悉心梳理国故始成当务。批判扬弃其糟粕，吸收赓续其精华，“弘扬优秀文化传统”，已然成为海内外华人世界之文化共识。值此时刻，有自觉自为之当代湖湘伦理学人如李氏建华教授者甚众，皆欲追根溯源，疏流开引，借编辑出版“当代湖湘伦理学文库”之机缘，重新梳理湖湘伦理学之渊源递嬗，检视当代湖湘伦理学人之创新成就，以祭先进，以启后来，以续绵长之流者，以成蔚然之大焉，宗其旨曰：“传承湖湘伦理学之大统，创中国伦理学之湖湘学派，立中国伦理文化传播之高地。”其志可谓高矣，其功堪乎善哉！华民慈善公益基金会董事长卢氏德之先生欣闻兹事体大，决意慷慨助之，共襄此举，其情其怀，令人感佩。吾有幸忝列湖湘伦理学人之末，焉敢不鼓呼在前，趋步在后乎？是故，一俟建华教授示下为序，且命吾以文言简略述之，虽深感难以奉承于万一，亦不敢怠慢些微少顷，又岂敢坚拒一词尔？呜呼，勉力为序者如斯，窃望殷殷，或庶几不负建华、德之等诸位湖湘伦理学同仁之美意矣。

噫嘻！喃喃呓语，不知所云，且当抛砾石以引幽谷玉璞，点爝火而引满天繁星也罢。至所望焉！

戊戌立秋日凌晨于京郊悠斋

序

承家乡学人盛情雅意，乃将敝帚自珍之近作一种略加增补并添附录长文一篇奉献“文库”。近日偶读 J. Rawls 生前未发表的 *On My Religion* 短文，深有感触，在失去信仰上帝之后，如何寄托此生？自由主义的政治哲学能替代或作为情感性的宗教信仰吗？Habermas 2015 年在美国接受 John W. Kluge Prize 奖答谢词中也仍然显示出知识（启蒙）与信仰（宗教）在西方现代的纠缠难解，人“如何活”和“活的意义”的命运问题仍然是哲学难题，令人彷徨困惑，无所适从。这也似乎更使人感到有“情本体”（情理结构）特色的中国哲学可以登场了。斯事体大，而伦理学和政治哲学均庞大无边，论著千万，自己才疏学浅，衰龄颓笔，更不及细说，只好如此献丑学界，愧对家乡了。

春风三月，凭窗远眺，但见白雪罩顶的洛基山脉，再也看不到那满山红艳的杜鹃花和金黄色的遍野油菜花了。怅何如之。

李泽厚

2020 年 3 月　异域波斋

目　录

伦理学新说述要

附　录

伦理学新说述要

（增补本）

导　论
从 Kant “绝对律令” 新释说起

问：为什么要以 Kant 作导论，开始讲你的伦理学？

答：因为在中外哲学中，我认为 Kant 最为准确和鲜明地把握了道德行为和心理的主要特征，并将之推至与宇宙同光的存在本体的高度，“位我上者，灿烂星空；道德律令，在我心中”，与中国儒学颇有相似之处，今天应吸收消化之以弘扬自家传统。而且，几乎任何伦理学论著，总要讲 Kant，绕不过他。所以我干脆从他讲起，作为导论。

问：为何用答问对话体裁？不像学术论著。

答：我素来不管这些。我想学《朱子语类》《传习录》的答问体裁，简洁、真诚、直率、易懂，比起长篇大论，更是走在追寻和履行真理的道路上，这不更好吗？老祖宗孔、孟，西方的 Plato 不都如此么？“自问自答”已成为我多年学术论议的方式和体裁，不想多作改变了。

一　人是目的

问：你开始讲吧。

答：Kant 是伦理学义务论的最大代表，此论是伦理学主要理论之一。但问题复杂，我也有些很特殊的看法。

问：是些什么特殊看法？

答：我将 Kant “绝对律令”（Categorical imperative）的第二原则“人是目的”与第一原则（“不论做什么人，应该做到使你的意志所遵循的准则永远同时成为一条普遍的立法原理”）、第三原则（“每个有理性的存在者的意志当作普遍立法的意志”）彻底区分开来，认为“人是目的”是具有现代现实内容的时代产物：每个人都是目的而非工具，不能把任何人作为工具对待、使用、相处等等。这是社会历史发展到一定时期所产生的社会理想。正如“天赋人权”“人生而平等”一样，“人是目的”并不是自古就有的先验原理，也并不是能够普遍立法的自由意志。在古希腊奴隶制时代，人只是会说话的工具，并非目的；战争时期，士兵只是统帅的博弈棋卒，并非目的；革命年月，人们被要求作“驯服工具”和“螺丝钉”，也不是目的。迄至今日，即使大部分地区已没有奴隶制、战争和革命，但“人非目的”的情况仍然大量存在。人是机器的附件、生产的工具、驯服的奴仆便随处可见。但第一，这不会永久，而只是历史行程不可避免的阶段。科技的发达将使许多单调的、肮脏的、繁重体力的、机械的而非创造性的“劳动”逐渐由机器人（robot）来替代，而且会使整个社会中人作为工具的各种现象逐渐减轻。第二，毕竟今天人格独立，人们可以较为自主作出工作选择，不必再是永远被动的“驯服工具”和“螺丝钉”。但也因为历史尚在进行中，人类还远未得到个人真正独立和自由，Kant把本是近代资本社会时代的观念意识提升为绝对律令，为现代自由主义提供了最为崇高的理论基础，将“整体应为个体而存在”这一现代人权宣言最突出、最鲜明地揭示出来，从而颠覆了过往的历史。每个人可以追求真正成为“自我”的权利，不再是任何权威、集体、他人的工具，不再是任何神学、制度、风习、意识形态的奴仆。人是自由、平等、独立的个体，有自主选择和决定的权利。尽管这一观点和理论有其非历史的弱点，但它喊出了现代社会的心音。它作为今天和今后的现实和理想，将无可回避、无法否认和不可抗拒。Kant 这种启蒙时代的伟大理想和伦理标准、道德理念至今光焰长存。它承前启后，也正是我所说的“现代社会性道德”的核心部分。“现代社会性道德”并不能也没有完全实现“人是目的”，但它是实现这一理想的历史中的一大进步。

二　普遍立法

问：那么另两条原则呢？

答：对这两条我作了前人包括中西似乎少有的解说。Kant“三大《批判》”我以为都是为了解决“人之所以为人”的“人性能力”问题。伦理学的“普遍立法”和“意志自律”（或称“自由意志”）这两条实际可归结为一条，即人有能“普遍立法”的“自由意志”：“你的行动，应该把行为准则通过你的意志变为普遍的自然规律。”（苗力田译文）它实际揭示的是人的道德行为的形式结构，指的是人的内在心理的强制机制，而并非具体社会时代内容。它们与第二条“人是目的”尽管在Kant那里保有着内在的联系，即作为自由、平等、独立的人应具有“普遍立法”的“自由意志”，显示了个体人格的尊严和威力，但实际上并不相同。因为这个能“普遍立法”的“自由意志”只是人的某种心理结构或心理定势，很难具有实质内容，从而非常空泛。当年Hegel严厉批评Kant是形式主义，也以此故。Hegel以具有特定历史内容的伦理学代替Kant的道德律令，也就在否定现实生活中这种能抽象“普遍立法”的“自由意志”。实际上“人是目的”属于外在人文的政治哲学，这两条（“普遍立法”“自由意志”）属于内在人性的道德心理学。我以为，Kant从内外即人性和人文两个方面树立起了“大写的人”。

问：Kant不是举出“不自杀”“不说谎”“发展自己”“帮助他人”作为完全义务和不完全义务，即你说的“强”“弱”两类四项的具体内容吗？

答：Kant认为这四例之所以能“普遍立法”，是因为否则便违反自然律而自相矛盾。我以为，实际上是因为这四项可说是任何群体赖以生存延续从而个体应该服从遵行的义务原则。人如自杀、说谎、不发展自己、不帮助他人，各群体（从而人类）也就不复存在。所以各宗教都将“不自杀”“不说谎”等（包括出世的佛家也有“不打诳语”）作为基本教义而要求个体忠诚遵行。但是，在复杂的现实生活中，它们却很难甚至不可能彻底兑现。在敌人面前，不说谎而使同伴遭难，道德吗？壮士自裁，烈女自经，屈原投江，陆秀夫蹈海，不道德吗？今日如安乐死，医生辅助自杀等等，是否道德，争议仍然很大。可见，Kant 所称能“普遍立法”的逻辑在现实中并不适用。其具体执行或实现，仍然依存于具体的时空情境。

三　自由意志

问：那么，Kant 大讲“普遍立法”又有什么意义？

答：我以为其意义在于突出了人们履行道德义务所展示的伟大心理形式，即展示了“人之所以为人”所独有的“人性能力”，展示了“自由意志”作为“人性”的核心地位和人类所独有的情理结构。

问：如何讲？

答：它指出每个人作出道德行为时所认定的信念：我这样做是应当适用于所有人的规则、律令，所有人均应效法于我，我的行为是可以“普遍立法”的行为。按中国说法，我这种行为就是“为天地立心，为生民立命”的行为，是一种不考虑、不顾及我个人的苦乐、祸福、安危、利害以及因果，而必须服从、遵循的理性的“绝对律令”。它突显的是人作为理性存在者的无比力量和光辉，并由此激发出远远超出动物族类的人的巨大生命力量。人不再只是吃喝玩乐、感性享受和感性存在的动物，而是可以由理性主宰自己，置苦乐、幸福、生命、经验、感性存在于不顾的“自由意志”，这就构成了“人之所以为人”的本体存在。这其实也就是孔老夫子讲的“克己复礼为仁”；孟夫子讲的“浩然之气”和“富贵不能淫，贫贱不能移，威武不能屈”。这种行为活动的心理特征，我称之为“理性凝聚”。我以为这才是 Kant 第一（“普遍立法”）、第三（“自由意志”）原则的真正内涵所在。Kant 赞赏普通老百姓能遵循道德而行事，也指的是这种“立法”心理，是指它的心理结构、形式、定势、框架，而并非指具体社会人文内容。Kant 对法国大革命的民众赞叹不已，也是对其不惜牺牲自己的道德心理形式，而非对其伦理具体内容（过激的革命行动）。伦理道德中的特定社会内容随时空而有变迁，但这个心理结构形式由于积淀却是永远常青的。

问：这也就是你在《伦理学纲要》中强调作为道德的“人性能力”？

答：它是“人性能力”的一个部分。“人性能力”还有不同于动物的人的认知能力和审美能力。但“自由意志”是“人性能力”的核心，Kant 尊之为本体。我也说过伦理道德在逻辑上和现实上优先于认知。但与 Kant 不同的是，我强调所有人性能力都不是先验或天赐，而是要经过历史的洗礼和教育的培训才能为人所拥有。《批判哲学的批判》（以下简称《批判》）一书就强调教育是未来各学科的核心，即培育人性。

问：你在《伦理学纲要》一书中常用的是“人性能力、人性情感、善恶观念”，在后来的论著中你却常用“意志、情感、观念”，有无异同？

答：没有，因为人性能力不止于伦理道德，我反复讲过，在认识、审美方面也有“人性能力”，在伦理道德方面的“人性能力”主要就是“意志”。所以后来我就用“意志”替代了“人性能力”，这完全是词语变动，与所指内容无关，一个重要的涉及内容的词语改动，是最初我将“情感”也作为道德的“冲力”“动力”，后来一律改为“助力”，认为只有理性才是“动力”，情感是重要（但非必要）的“助力”，这把我承传 Kant 的关键处更突出了，它与“情本体”的关系也就远为深刻复杂了。我说情感不是必要的“助力”，并非说道德行为和心理中没有任何情感，那人就等于机器了，而是说道德行为和心理不是由情感主宰和决定的，特别在 Kant 看来，由情感出发或主宰、决定而形成的道德行为不能称道德，我同意这一观念。以为讲“情本体”就是以情感作为道德的动力，是非常浅薄幼稚的理解。

问：为何是浅薄幼稚？

答：我一开头便说过“情本体”是一种理性结构，不仅情中有理，而且人类的生存延续是建立在理性基础之上，才不同于其他动物族类，个体也如此。理性是人类百万年历史的建构成果，为什么我把自己的哲学称为“历史本体论”，一直强调教育，并以经验积淀说区别于 Kant 的先验论，强调不同于 Hume，都在于此。

问：你在《批判》书中便强调认识论中的逻辑同一律（不矛盾律）来自实践操作的“这样做就不能不这样做”，后来又强调这首先是人群活动中所必须遵守的行动命令、律则，从而由实践而伦理（道德）而认识，认识次于（地位）和晚于（时间）伦理道德，伦理优先成了本体。对吗？

答：非常正确，即使用—制造工具的群体生产实践→伦理命令、律则→认识思维。我还强调巫术、礼仪等原始人群非生产性活动在这转换中极为重要的作用。

四　绝对伦理主义与相对伦理主义

问：请你将上面对 Kant 绝对律令的解说概括一下。

答：Kant 的 Categorical imperative 中的“人是目的”是现代社会性道德，是现代社会的伦理理想，以前并没有，是具有特定时代内容（即现代社会）的。其他两条（“普遍立法”“自由意志”）是一种普遍性（古今中外都有）的人类独有的文化心理结构、形式、定势、框架，是任何道德（无论是传统的宗教性道德还是现代社会性道德）都必须具有的心理形式，与道德内容无关。Kant 提出这三条都极为重要，非常了不起，是对人性（内）和人文（外）两方面的重要建设，但 Kant 把内（道德心理，即“普遍立法”“自由意志”）外（社会伦理，即“人是目的”）混在一起讲，便使人弄不明白了。这是我对 Kant 的独特解释。当然，“人是目的”要联系 Kant 的法权理论、政治历史观点才能充分阐述 Kant 把它与心理形式混在一起的原因和理由，展示 Kant 对现代社会性道德的高调提出的重大意义，这在下面章节中将谈到。

问：把 Kant 伦理学看作伦理绝对主义，与视伦理道德随时代、社会变迁而变易的伦理相对主义，就由此而来？

答：其实应是道德绝对主义，Kant 强调的是道德行为和心理形式是从不变易的，而并非各种具体的社会伦理内容。

问：请再说说。

答：实践理性之所以高于思辨理性，如我的认识论所说，就在于前者使实践中的理性变为人所独有的实践理性，它以符合人类生存延续的合目的性为表征，首先正是指这种伦理命令在实践活动中呈现理性的特殊重要性，以后才呈现为认识论的合规律性。认识论的合规律性在根本上也脱离不了有益于人类的生存延续的目的性。如果要把 Kant 列入伦理绝对主义，就主要是指这一点。因为 Kant 指出了每个人作出道德行为时所应抱定的信念：我这样做，应当适用于所有人的规则、律令，所有人均应效法于我，我的行为是可以“普遍立法”的行为。从人类学的历史源起看，这大概就是制造、使用工具的实践活动中所最先出现和存留的经验、语义和理性。它以“绝对律令”的形式塑建人的内心，由强迫服从到自觉选择，这也就是 Kant 所说的“善良意志”（Good will）。可见“善良意志”主要指的，便是这样一种能“普遍立法”的个体的道德心理。它大概是人类语言中首要的语义，“鼓天下之动者存乎辞”，它由远古巫师借“天命”咒语、巫术、礼仪，将保存着一系列制造、使用工具的实践中的要求、规则、规律作为不可抗拒的神圣命令发布出来，以指挥、组织和控管群体和个体的行为活动。巫术礼仪使人类彻底脱离动物族类，产生了社会，其中，语言和理性（秩序和规则）是核心，基础仍然是以猎取食物（获得对外界事物的把握和认知即“主体性”和主观性）、分享食物（群体个体间的生存关系和秩序即“主体间性”）的种种经验。这使语言远不止于沟通，而是以声音（以及之后的文字）的轻质外壳，负载着厚重的历史，来维护人类的生存延续。“语言是存在之家”只有从这个角度去解说，才有深刻的意义，这意义是建筑在人类制造、使用工具不断进步、不断创新的百万年生产—生活的历史经验之上的。所以，不是语言而是历史进入形上，因为它才必要而充分地具有人类生存延续的本体意义。

问：可见，绝对性只是指 Kant 的第一、第三这两条律令，第二条并不包括在内。

答：对。“人是目的”如前所说，只是现代社会所要求的个体的行为规范。文化人类学的大量材料证实，“人是目的”并非普遍存在，无论中外，古代并无此“绝对律令”，它是现代社会的产物。作为现代性道德的根基，它在某些地区和国家已经在制度和法律上有所落实，以平等的个人为本位和价值根源，也已成为自由主义政治哲学的总纲领。但对全球来说，远未如此。文化人类学说明，不同时代、不同社会、不同文化、不同传统，存在着很不相同的伦理规范，很不相同的宗教教义、生活习惯、制度和礼仪，其中充满着差异、冲突，同一文化中伦理规范的矛盾冲突也很常见，特别是在近现代。从不允许离婚，到允许同性婚恋，从全身黑袍、只许露双眼，到几乎全裸的时装表演，从禁欲主义到性放纵，以及在这两端之间的各种理论和实践，“此亦一是非，彼亦一是非”。或并行不悖，或激烈冲突，至今如此。“人是目的”远未成为全球的伦理道德。由自由主义引申出来的文化多元主义、伦理相对主义，倒是今日主流。可见，“人是目的”并非普遍必然的

“绝对律令”，而是具有某种普遍性并兼理想性的现代社会性道德。但“普遍立法”和“自由意志”则是自古至今的人性塑建中普遍必然的道德心理结构、形式、定势、框架。所谓“绝对律令”就是指建立内心的这种结构、形式、定势、框架，从而使人成为人，这框架、定势也就是以意志为特征的与观念、情感的三合一（详后）。框架和意志是不变的，但观念、情感却随时代、社会、文化而差异而不同而变迁。所以，人类学历史本体论在一定限度内认同伦理相对主义，因为如前所说，它们都是历史具体性的合理产物，各种时期个体遵循的社会群体规范（拙文《关于“伦理学总览表”的说明（2018）》的由礼到理的实线），以及对此规范的背离和反叛（由理到礼的虚线）是历史行程中的常规。不能拿今日之我去衡量昨日之我，这几乎是不必再作讨论的问题。

问：但在今天欧美文化主流中有一种所谓“无限制的伦理相对主义”（unrestricted moral relativism），即认为各种伦理规范完全等价同质，不可通约，因此也就不能去做优劣长短高下和进步落后之分，否则就是政治不正确。

答：这以后还要说到，其特点，简单说来，便是否定历史的积累性。历史积累性也就是肯定历史有进步性，包括伦理道德。这在妇女问题上非常突出。妇女有否受教育的权利，妇女能否外出工作，妇女能否自由婚恋，妇女能否自己决定堕胎，就是例子。现在视为“当然”的，以前视为“不然”，这不是进步是什么？中外好些学人只承认物质生产和生活有进步，而文化、价值观等方面并无进步可言，所以无限制的文化相对主义非常流行，这从一开始我便明确反对的。

五　人性与先验心理学

问：看来你更重视 Kant 讲的“绝对律令”的绝对性在于培育和突显人的道德心理，你大赞人性能力、人性心理，也就是人性问题。

答：关于人性（human nature），古今中外都讲了不少，但什么是人性却仍然并不清楚。我把它看成是由人所造成的心理结构，既不是动物性，也不是神性，而是在动物性基础上所培养出来的人的心理能力和人的心理感情和观念。也就是“文化心理结构”（就人类、群体说）或“情理结构”（就个体心理说）。我讲“积淀”，也是指人形成了自己所独有的这种文化心理结构或情理结构。这是一个非常重要的问题。将来如果脑科学（神经生理学）进一步发展，希望在自然科学上会出现对人性、对文化心理结构的支持性的实证论据。20 世纪就是被语言哲学控制了，它几乎统治了一切。怎么样能“走出语言”，又走到哪里去？我想提出这个历史性的心理学的方向。

问：你重视的道德心理学（moral psychology）是否从某种意义上可以说从 moral 的水平又回到了 psychology？

答：是的，但我所说的 psychology 不是从经验水平上讲的，而恰恰是先验的，是人类的，是形式的。今天的经验心理学整体水平还处在刚刚起步的阶段（baby stage）。现在研究最多的还是感知觉之类。对于什么是想象，什么是情感，什么是理智、理性、理解还不可能有很好的解释，更不要说道德判断了。在脑科学尚且不发达的情况下，心理学顶多是描述现象。21 世纪来不及了，可能是下个世纪或者更晚。讲哲学可以看得远一些，我把它称为先验心理学（即从哲学角度提出经验的伦理心理之所以可能，而非研究心理经验本身。所以本书的“文化心理结构”等概念，便都是哲学命题，它只是揭示伦理学的心理含义，而并非心理科学本身）。实际上 Kant 就是先验心理学，强调心理形式和结构，他在哲学上给我们指出了这个方向。所以我所谓的 moral psychology 并不是回到心理主义上去，可以说它是更高一级的心理主义，超越了经验心理主义和逻辑主义。当然，现在很大部分的道德心理学是描述的经验心理学。

问：但是接下来又有了一个问题，心理主义受到攻击，很大程度上是因为它是以个体和经验作为基础的，而像道德这种东西是不能用个体来解释的。

答：我觉得 Kant 强调它是一种人类特有的心理形式，尽管必须落实到个体上，但并非个人的经验所创造的，这就是 Kant“先验”一词的本义。Kant 厉害之处在于他把这些总结为理性命令，形式是空的，但不断有外在的伦理规范去形成内容。比如，在“9·11”恐怖袭击中，救火队员不怕牺牲，恐怖分子也不怕，从心理形式上讲，从其结构、定势、框架上讲，是一样的，是可以等同看待的（这以后还要讲到），这就是我讲的先验性。

问：有一种说法，说 Kant 是动机论，动机好就是道德的。

答：这是一种肤浅庸俗的误解。认为 Kant 是讲要从好的动机出发，这恰恰是 Kant 所坚决排斥的“实质”原理；康德讲的只是普遍立法的动机形式。即只要你相信你的行为准则能普遍立法（有普遍的客观有效性），那就是道德的。道德既不在于任何实际的功用效果，也不在于是否从“爱人”（如“恻隐之心”）、“敬神”等等“好”动机出发。从这里出发，恰恰是服从经验的他律，即非道德的自律。

问：何谓“自律”与“他律”？

答：所谓“自律”，是相对“他律”而言。“他律”是指意志由其他因素决定，这些因素也就是 Kant 所列举的那些“实质动机”，即：环境、幸福、良心（内在感官）、神意等等。这些在 Kant 看来统统都是把意志行为服从于外在因素的“他律”，而不是法由己出的“自律”，因而不是道德的。就拿所谓“道德良心”来说吧，如先从某种特殊道德感情出发如同情心、恻隐之心、怜悯心，就还是用感性来分辨、判断和规定道德，结果仍然会把全部道德归结到满足、快乐和幸福上去，从而便不是“自律”，仍然是“他律”了，尽管这个“他律”是“神赐”或“天生”的“良心”。Kant 认为，人的自律意志则既不是情欲（动物性）的奴隶，也不是神的工具；既不受快乐、幸福、欲望的驱使，也不受神意、天命、良心的支配。人不是物（只知服从），也不是神（只知立法），而是服从自己立法而行动的主人。道德律令是绝对服从又法由己立；它以人为目的而普遍有效。这就是“意志自律”，也就是自由。Kant 认为，道德律令这三条公式是相同的。它们是从不同角度指向着一个中心。这个中心便是“自由”。Kant 对道德律令有许多分析、论证，最后集中到“自由”这个概念上。Kant 伦理学的自由与其认识论的必然是正相对峙的两方，理性给自然立法就是自然的必然，理性给自己立法就是人的自由。自由是纯粹理性在伦理道德上的表现。“只有道德才给我们初次发现出自由概念来”（《实践理性批判》）。

Kant 的道德律令作为超感性经验的理性力量，是普遍必然的绝对命令（第一条），它的本质是自由。意志自律（第三条）则是这种自由的直接表现。“自由这个概念是解释意志自律的关键。”《道德形而上学基础》一书通过所谓分析的方法，由日常道德经验最终归结为第三章“自由”概念。《实践理性批判》是用所谓综合法写的，从抽象基本原理出发更开门见山在序言和引论中便提出：自由是纯粹理性体系的“整个建筑的拱心石”，是灵魂不朽、上帝存在等“其他一切概念”的依据。关于这里更详细的讨论，可参阅拙作《批判》，此处不再赘言了。此外，在本书第二章讲道德心理时，一开头也要回到自由意志的问题。

问：“自由意志”当然出自“我”，什么是“我”，都是问题，Kant 的认识论以“我思”为核心，Foucault 则讲“我”与身体的不可分和分的乌托邦种种。

答：这确实一大问题。不知儿童心理学已研究出儿童何时出现“我”的意识没有？动物并无“我”，只是个体的生物学反应。人类有“我”的意识以后，就把意识与身体的二元关系突显出来了。因之而产生将“我”实体化、对象化以至出现独立的心灵、灵魂等的认识和理论，在道德中，牺牲身体以拯救灵魂或完成“自我”，实现了“自我”，也成为自由意志的选择运用。

问：所以道德是以身心二元论为基础？

答：我不认为如此，没有离开身体的灵魂、心理和“自我”，只是可以用精神的“自我”来消灭肉体的“自我”，以显出“文化—道德的人”而超出自然和动物界。这也就是 Kant 的本体（noumenon）高于现象界的道德哲学。

问：在这以 Kant 作启迪的“导论”后，你准备如何展开？

答：由此“导论”讲 Kant 绝对律令混淆伦理内容与道德形式开始，主张将二者作外（外在规范）内（内在心理）二分的必要，并提出“由外而内”讲道德的源起，是为第一章。第二章讲道德三要素，调和 Kant 与 Hume，认为理性为主，辅以情感。第三章讲传统宗教性道德与现代社会性道德的区分和相互关系，主张“情本体”的中国哲学来解决当代既人欲横流又理性踠扈。但所有这些都只是概括性的哲学提出，具体探讨仍留待有关学科。

第一章
伦理、道德外内二分和“由外而内”说

一　动物有否道德

问：你上文对Kant绝对律令（Categorical imperative）的区分，看来是为你这个区分作前驱和铺垫。

答：对，所以前面是“导论”。因为我首先要探求个体行为中的“道德从哪里来”。我以为人的道德行为和心理，都从社会伦理规范而来。从而，我严格区分伦理（ethics，外在制度、风俗、规约、习惯……）与道德（morality，内在心理，即意志、观念、情感），并认为由前者构建后者，后者反馈作用于前者。这也就是人文（文明）与人性（心理）的辩证关系。历史本体论视人类总体的生存延续为最高的善或“至善”，它既是群体伦理应有的最高规范，也是个体道德追求的最高指向。这些都是非常重要却相当复杂的哲学问题。简单一句话，伦理是外在的规范和风（俗）习（惯），道德是个体的行为和心理。

问：伦理与道德两词语的区分相当麻烦。

答：伦理（ethikos）与道德（moralis）两词在中外古今一般都是同义使用，不做或极少区分。而且常常是约定俗成，不作区分。在中文，两词含义和感受倒并不尽相同，“伦”乃外序，“德”乃内心，伦理指外，道德向内。但无论中西，伦理作为群体规范与道德作为个体行为，的确紧密联系，群体规范应表现在个体道德行为和心理上，个体道德行为和心理一般正是群体规范的呈现。虽然有些时候又恰恰是对其背离和反抗，如中国现代“五四”时期的“提倡新道德、反对旧道德”，就是针对当时位居统治地位的传统伦理规范和风习而言的，但也仍然是两种伦理规范内化为人的观念、情感的冲突。

问：你如此强调两者区分，有必要吗？

答：我以为在理论上有此必要。第一，这个区分有利于澄清好些说不明白的伦理学问题。上文谈 Kant，就是想举出一个例子，即“人是目的”（伦理）与“普遍立法”（道德）的不同。第二，明晰表达我的伦理学的一个基本看法，即由外而内、由伦理而道德，这也可称为历史—教育路线。这是我的历史主义人性积淀说哲学的重要部分。外在风习、环境（伦理）对内在心理和行为（道德）的巨大作用，中国传统中早就有关于教育问题的“孟母三迁”的著名故事。

问：那首先得非常明确地规定两词的含义。

答：上面已经讲过。我所用的“伦理”一词包含很广，指的是人类群体或社会，从狭小的原始人群到今天的全人类的公共规范，先后包括了原始的图腾、禁忌、巫术礼仪、迷信律令、宗教教义，一直到后代的法规法律、政治宗教，也包括了各种风俗习惯、常规惯例。它们都属于我所使用的“伦理规范”这个词语的范围。总之，伦理规范是群体对个体行为的要求、命令、约束、控制和管辖以及正面提倡，多种多样，繁多复杂。

我所用的“道德”一词，则指个体的自觉行为和心理，从自觉意识一直到无意识的直觉。而且道德不能只是观念，道德不能只是“善念”，而必须还是“善行”，即实践、履行、落实这种善念（观念）。

问：“道德”这词含义也很广。

答：这是一个值得注意的问题，即我提出的“泛化”。在现实生活中各种层次、意义、内容大不相同的道德行为和心理，都被一视同仁地称为道德。“杀身成仁，舍生取义”是道德，不闯红灯、按序排队是道德，宁死不屈是道德，富人捐款是道德，不乱扔垃圾、不随地吐痰也是道德，等等。虽然这些行为和心理都或多或少有某种道德属性（即为他人或公众有某种自我约束、克制或付出），但毕竟差异太大。

道德作为可达到牺牲自我生命的主要标志，在这“泛化”用语中被完全掩盖掉了，这使“什么是道德”的讨论变得更加混乱。所以我觉得要特别注意使用日常语言的这一现象。这方面分析哲学可以给我们很多帮助，即注意“道德”这个词语在具体应用上有很不相同的内容和涵义。不能在同一个“道德”的词语下，把许许多多完全不同的道德行为和心理不加区别地混为一谈。

问：这会有什么后果？

答：例如从猴子也有“要求公正”的情绪证明猴子也有道德，以及其他动物的一些包括牺牲个体以维护群体的行为，如此等等。在2014年华东师大讨论班上，我做了“动物有否道德”的专题辩论，虽未展开，但主题很清楚，就是反对当今非常流行的社会生物学。社会生物学认为道德源于生物族类生存竞争所产生的自然本能，并以某些动物存在着个体牺牲以维护群体而使该族类在生存竞争中取胜来作为论证。但我以为如果道德是动物族类自然演化而成的本能和欲望，那就应对该动物族类所有个体具有普遍必然的绝对性，而无个体的选择自由。人类的道德却恰恰是在个体有自觉的选择，保存生命是任何生物族类个体均具有的强大的本能和欲望，人类并不例外。人之所以如此敬重、尊仰、崇拜那些杀身成仁、舍生取义的仁人志士、英杰男女，正是由于他（她）们自觉做到了大多数人做不到的道德行为。自觉地选择牺牲自我，为什么大多数人做不到？因为个体有求生的动物性的强大本能。为什么少数人又做到了？因为他（她）们用更强大的理性观念和意志压倒了这种强大的本能。可见，道德在这里表现为“自由意志”，自己选择、决定、不顾个体生存和其他利益而认为“就应该这样做”而行事。也正由于这少数人物逆生物本能、自然欲望而行，并以此为榜样引领着群体开辟未来，这使得人类的生存延续区别于其他动物。我以为这是中国传统宣扬的伦理学，也是Kant宣扬的伦理学。这种伦理学才真正抓住了人类道德行为和心理的要害，所谓“太上立德”，就是立的这个“德”。因此应该和上面提到的那种泛化的道德区别开来。

所以，我多次提出为什么有时会钦佩甚至赞赏某些宁死不屈的敌人？是钦佩赞赏他（她）们所信奉的观念、规范、命令、信仰吗？不是，因为那些正是我们所反对的。那是什么呢？而是那坚持到底的意志，因为这正是人类历史—教育培养而成为他（她）们所自觉选择的“自由意志”。我们钦佩赞赏的是“自由意志”，这也就是中国人所说的“太上立德”。

当然，有人会说，你怎么能肯定动物就没有这种自觉选择的能力，没有“自由意志”？我非专家，我只是就自然演化的生物本能应该适用于该族类的全部成员来提出质疑。我也不懂为什么社会生物学理论有大量论据，却极少甚至没有谈及这个问题。

二　由外而内

问：那么这种自觉选择的自由性从何而来呢？

答：这就复杂了。这里首先得讲人的一般道德行为和心理，包括那些泛化的在内，从何而来了。

问：请说。

答：不久前，我读到一本有趣的书《道德的起源：美德、利他、羞耻的演化》（*Moral origins: the evolutiong of virtue, altruism, and shame*，［美］克里斯托弗·博姆著，贾拥民、傅瑞蓉译）。作者 Christopher Boehm 是资深教授，数十年观察、研究灵长类动物和人类原始群体的活动，该书采取自然演化的社会生物学视角。但极有意思的是，他的论证研究可以概括为：道德起源于外在群体（包括灵长类动物和原始人类）在生存延续和族类竞争中要求个体的“自我克制”从而产生了道德，道德是个体自我克制的生物机制。

作者一再说，“自我克制的良心是道德起源的第一个里程碑”“早在共同祖先（指人类与某些灵长类）时代就已经出现了一些群体强加给个体的‘规则’了，而在作为共同祖先的后代的人属祖先那里，这种趋势就更加明显了”（p. 124）。

尽管书中好些假说如反等级制的平等情感是自然演化而来、平等地分享猎物有助于种族的生存延续而产生道德、脸红表示内在羞愧等基本论点，我以为论据不足并不赞成，当然更不同意作者将“更加明显”的人类道德与灵长类其他动物的所谓“道德”完全混为一谈、毫不区别。但我以为重要的是，作者以大量材料论证了作为道德特征的“自我克制”的内在心理机制是来自外在群体规则，亦即个体道德心理和行为来自外在群体的强迫规范。其中叙述了个体如不遵守群体规则即被杀戮、惩罚、驱逐（等于死亡）等事例，多次谈论了动物界的“死刑”。同时也强调产生道德是一个漫长的历史过程，“道德的起源本身就是一个缓慢的渐变的过程”（p. 362）。

问：你强调道德乃内在心理，该书论及否？

答：该书着重讨论了“良心”问题，认为动物也有“基于恐惧的自我控制”，但“真正强大的良心开始于距今二十五万年前”（p. 358），即原始人类群体开始合作捕杀有蹄类大型动物如斑马、羚羊的时期。

作者说，“我将聚焦于良心问题，探讨良心这种独特的自我意识是如何作为惩罚性社会环境导致的结果而出现的”（p. 20），作者认为惩罚性的社会选择过程中创造了羞耻的良心，而此“良心内化了那些有利于合作规则……”（p. 235），所有这些，不正是我所强调的由伦理而道德、由群体外在规范和要求产生个体内在的道德心理，即人的“内在自然的人化”么？

问：中国儒学倒是最强调人兽之分、人禽之别。

答：这与将人兽道德等同的当今西方伦理学主流的社会生物学恰好背道而驰。我愿意承续传统儒学这一要点。因之尽管我并不同意该书的许多论点、论断和看法，但上述这些材料却很有意义，这些材料的意义，对我来说，即在于它强调从动物界开始直到原始人类，个体“道德”行为也是受群体“规则”所产生的“自我克制”，其中讲分享食物是这些群体外在规则的源头，与荀子讲“礼”起源于分享（食物）很近似，这点非常有趣和重要。

当然，动物也有并非群体规范而内化的族类本能，如潜伏忍耐以伺机捕取猎物，也是一种“自我克制”，但它只联系着个体或子女的生存，可与群体无关，它是动物界更原始的生理本能。

三　否定形式与自我克制

问：这种“自我克制”表现为一种对自身欲求的否定方式，成了道德的标准形态，对否？

答：对。我在《批判》一书和此后的论著都多次提到，人的个体道德是从幼儿时的“不”字（不许抢别人的食品，不许打骂别人……）开始的，中国《礼记·曲礼》也记载了那么多的“不……”和“毋……”，将从儿童到成人的行为、活动、言语、举止、容貌等日常生活规范以否定方式规定得如此之细密严格，显示出“礼”作为伦理规范，对个体行为和心理的道德塑造，使之成为人（“立于礼”）。也就由外而内，由伦理而道德。

我以为这位洋人作者所指出的其他灵长类动物的类似行为，只是说明了这一由外而内的人类道德行为有其动物祖先的潜在的生物可能性，但正是人类才将其转化性地创造为具有现实性的“礼”（伦理）和“德”（道德）。所谓25万年前猎取大型动物的时期，不正是原始人群大规模地制造、使用工具而需要紧密地分工合作产生社会和理性的时期么？正是从这异常远古的时期开始，产生了人类主体的实践理性，并通过语言中的语义，传递和保存下来，代代相传。群体要求和实践经验成了社会的外在规范，个体内在的道德和认识也由此而萌芽、建立、巩固和发展。

问：好，回到主题。道德最高境界不是牺牲么？与“自我克制”有何关系？

答：那不正是“自我克制”人的最强烈的生存欲望么？

问：但“自我克制”是强迫性的“由外而内”，而牺牲自我却恰恰是非强迫的自觉选择，这不矛盾么？

答：这是因为这种“自我克制”达到某种高度的内化境地，即某些人已将它达到无意识地忘我弃生的程度，甚至达到欣欣然地“毋意、毋必、毋固、毋我”的美学境界。杀身成仁，舍生取义，“虽千万人，吾往矣”，毫无被迫强制的感受，觉得理应如此（“应该”），就这么做了（自觉选择），这就需要依靠长期的培育锻炼，绝非自发生出，所以远非每个人都能做到。圣贤豪杰英雄之所以区别于常人，也在于此。但即使圣贤豪杰，当他（她）们作出这种自我选择的“自由意志”时，也还是有这种强迫自己服从理性律令的心理活动，只是表现为“自觉自愿”的“定势”，有的甚至达到高于意识水平的直觉性的所谓“良知”“良能”。

问：你为什么要以这本讲生物的书来谈专属于人的道德问题？

答：因为这本书强调论证良心（conscience）、自觉意识（self-conciousness）、羞耻（shame）等，都源自群体规范，这就以生物科学的实证例证，堵塞住道德作为良心、良知、良能，来自天授、天理、天命，来自先验理性这一至今占据统治地位的中外各种理论，从基督教的神定论、Kant 的纯粹实践理性到中国的宋明理学和当代各派儒学理论。社会生物学和先验人性论一拍即合，是当今伦理学的特色和主流。

问：为何提及儒学？

答：我愿特别提出的一点是，这个由外到内、由伦理到道德，都有一个严厉强迫的过程和性质。就自然生物说，有如这位作者论证，个体的“自我克制”得来并不容易，需要群体的严厉惩罚和杀戮，并经由极其漫长的时期才逐渐形成。就中国传统说，被学人忽视的是，远古的巫术礼仪到三代特别是周代的礼仪规范，也是与严厉的惩罚直接相连接的。“不孝”“不友”都将以严刑峻法处置，所谓德治、礼治，在开始时期是建立在习惯法的严厉惩罚之上的。后世特别是今人误以为“礼”就是温情脉脉的揖让进退，其实恰好相反。

问：《论语·八佾》中说：“周人以栗，曰：使民战栗。”

答：这一直要到礼坏乐崩，孔子释礼归仁之后，礼出自内心仁爱的理论和面貌才被塑造出来。孔子回答“使民战栗”问题时说，“成事不说，遂事不谏，既往不咎”，过去的事就不要再提了，这正是孔子释礼归仁的贡献。我有过一个也许很不恰当的比拟，有如《圣经·旧约》显示对耶和华的“畏”，而《圣经·新约》却突出耶稣的“爱”，周、孔有此类似处。但孟子把它发展成伦理道德都由“恻隐之心”生发出来，就过头了。伦理道德变为由内向外途径，特别到了宋明理学将之形上化之后，完成了先验人性论就完全不对了，这后面可能还要讲到。

总之，我以为，内在道德的良知良能，归根到底是来自外在群体的严格和严厉的伦理命令。至今对儿童的道德教育，从家庭到学校，仍然免不了一定的强迫因素。我以为这是必要的和重要的。所以重视“由外而内”有其现实意义。我记得我也引用过人类学家 C. Geertz 的话：“文化最好不要被看作就是那些具体行为模式，如风俗习惯、传统等等，而要看作是一套统治行为的控制机制。人正是这套人身之外的控制机制指挥其行为的动物。”（《文化的解释》第 2 章）Kant 将“文化—道德的人”作为整个自然的最终目的，不正是讲这个“由外而内”，由伦理机制所指向的人的道德行为么?!

四　Kant 与 Hegel

问：你这“伦理”“道德”两词语的区分及其意义，倒也简明扼要。

答：以前和今日也一直有人做区分，例如认为共同而非自觉的风俗习惯属于道德，伦理则是自觉的制度性的理性约束；伦理是社会性的习俗，道德是个体的义务、责任；以及区分为前理性、理性、后理性等等。实际上仍然是将二者混为一谈。

又如，我在《回应桑德尔及其他》一书指出 M. Sandel 所举的许多事例，就没有清楚区分何者是与制度相关的政府行为、方案、决策的伦理，何者为涉及个人行为、心理的道德。将政府行为与个人行为混在一起，便很难讲清楚。再重复一次，伦理是外在的制度、风习、秩序、规范、准则，道德一般是个体遵循、履行这些制度、习俗、秩序、规范、准则的行为，亦即义务和责任。但义务或责任并非道德行为的心理特征。包括 Hegel 也区分了伦理与道德，但他把道德看作只是抽象的普遍原则，而根本没注意和重视道德作为非常具体的个体心理结构形式的重要性，从而这区分与我也根本不同。

问：你引用了上述达尔文主义作者的看法，是否完全同意 Darwin 的理论呢？

答：否。Darwin 没有重视人类不只是自然进化的动物，更是制造、使用工具而生存从而产生理性和社会的动物。

因之，Darwin 的许多论断，如 Christopher Boehm 所引用的话："动物不管是什么，都与人类一样……只要它的智力能够得到良好的发展，或接近良好的发展，就不可避免地产生道德的言行。"（《人类的由来》）数百万年的历史证明并非如此。所谓"智力""良好的发展"等词语，便非常含混模糊，许多灵长类动物自然进化已数百万年，至今也没有什么父慈子孝、兄友弟恭，自由平等、个体人权等道德行为和心理。

问：你为什么提及 Hegel？

答：因为我的区分，也可以说来自哲学史上 Kant 与 Hegel 的区别。他们都是从人类讲说，Hegel 是从宏观历史学（历史哲学）的角度讲伦理道德，讲了家庭、市民社会、国家等等，即各种变易着的社会伦理的群体规范，但完全不谈并忽视个体道德行为所必须具备的心理形式；相反，Kant 则是从道德行为的心理特征（心理哲学）的角度讲伦理道德，强调实践理性的意志（详见后节）即“绝对律令”作为道德心理的特征，而未深入论及它们来自外在群体的根源。我认为这倒恰好可以作为伦理与道德的区分。于是便出现两者关系的问题，也就是这道德由内向外产生伦理呢，还是伦理由外向内形成了道德？从而，是人生下来就有普遍的、先验的“善端”道德呢，还是这所谓“善端”也主要靠后天培育而成呢？先秦孟、荀性善性恶之争，就与此相关。

问：但伦理学一般都是把规范、风习等作为伦理，指外在社会的要求、约束等等，而义务、责任等则归于道德。

答：对。但这些义务、责任等个体的行为，是随着社会的规范、风习的变迁改易而变迁改易的，个体这些行为的心理也如此，表现为遵循或反抗这些规范及风习，例如在美国个体没有养老的义务和责任，养老的责任主要由政府从每个人工作时必须征纳款项来承担，中国依从传统，有法律规定子女有一定的养老义务。现在一些学人也强调养老应学西方。那么对个体来说，什么是道德，在这一具体的义务、责任上便会有极不相同的心理感受和行为，因而从义务、责任来确定道德，仍然只是一种伦理规范的确认，而不是个体内在心理这一重要方面。

问：伦理学一般要讲到所谓公共领域与私人领域，这与你二分有否关系？

答：这与伦理道德二分无关。因为不管私人领域（如个人信仰等等）或公共领域（如不闯红灯、遵守秩序等等），都有外在教义、规约（伦理）与内在心理（道德），并且都是由外而内、由强迫强制而自觉自愿直到直觉的“习惯”过程。

问：好些学人认为“公共领域”直接涉及政治、法律，不算道德。

答：不对。恰恰那是现代社会性道德，即所谓“公德”。不遵守公共规约闯红灯、插队等等，即使没人阻止或指责，也常有自我愧疚的感觉，这难道不是道德心理么？与私人领域中违反宗教教义或某种习俗感到的羞愧心，可能有各种程度的不同，但基本心理定势、框架是一样的。例如，多次提到的妇女贞操问题，义务和责任古今就很不一样，甚至同一时代，各地区各文化也很不相同，如果不对道德心理中各要素的关系、结构、定势、框架及其中的协同、离异、矛盾和剧烈冲突即外在伦理规范和内在道德心理的复杂关系进行深入探求，就会严重掩蔽和忽视人文和人性中的深刻内涵；如果不能作出理论上的重要论证，不能解释和解决现实生活道德行为中许多难题，包括到底是情感还是理性作为道德行为的动力，什么是道德行为中的自由特征等问题仍束之高阁，留下的就只是一大堆文学艺术中的细致描述罢了。

问：那么你的伦理学新说讲道德是否还要讲义务、责任呢？

答：最多提及，不会多讲。因为什么是这些道德中的义务、责任，正如什么是伦理中的规范、准则一样，都应由各种不同的规范伦理学来谈。在这一方面，我非常赞同 Hegel、Marx 和文化人类学的伦理相对主义的观点，有如 Hegel 所强调，具体的意志自由必须与特定历史时期的家庭、国家、市民社会的个体道义、责任相联系。但如上所再三提及，其缺点在于忽视了道德心理形式即由积淀而来的“自由意志”的心理结构的绝对性，所以才做此伦理与道德的二分并从 Kant 讲起。

问：一般伦理学也总要讲到如“己所不欲，勿施于人”的“黄金定律”，讨论它与“己之所欲，便施于人”“己欲立而立人，己欲达而达人”的差异等，更具体的就要涉及家庭、婚姻、国家、政治（如“消极自由”与“积极自由”）等，你却一字未谈。

答：上面已讲明白了。它们在两德论中也许有所涉及，但仍然只是指出它们均为历史的产物，有的变化很大，如婚姻、女权等，有的变迁较小，如黄金定律，但并不讨论它们的来源、理由和各种具体落实。仍然只是指出它们由外而内，而非由内而外。

问：你在华东师大讨论班上谈到著名教育心理学家 L. Kohlberg 的儿童道德发展“三水平”说，即首先是怕罚，其次是自觉遵守规范，最后才是直觉或“普遍立法”的“自由意志”。

答：我当时便说，不仅儿童而且成人也有此“三水平”，这位心理学家的经验研究的实证谈论，恰恰与本章开头引用的灵长类和原始人类的材料相呼应，一再证实着我的论点。

问：你所重视的仍然是“内在自然的人化”，即动物心理如何人化亦即人性问题。

答：对。人是动物又不是动物，这是我的哲学，所以重视人性问题，这并不是把伦理归结心理，更不是把伦理学归结为心理学，伦理学有其外在方面，即政治哲学、规范伦理学，这里不过是强调伦理学还有内在心理方面的形式结构，以及谁主谁从，社会伦理如何成为个体道德等重要问题。这也就是下章展开的三要素问题。

第二章
道德三要素（意志、观念、情感）说

一 “自由意志”与意志

问：为何从意志开始谈道德心理？

答：因为它最重要，本书一开头就从 Kant 的自由意志谈起。

问：仍然先要明确这两个词的异同？

答：这本身就是个问题。

问：为什么？

答：一个（“自由意志”）是哲学词语，一个（意志）是日常用语和经验心理学词语。

问：但“自由意志”也是日常词汇呀，特别是人工智能近年突显后，争论人工智能能否会有“自由意志”已成为热门话题。

答：也正因为此，首先得要厘清词语的含义。自由是什么？何谓自由，这问题就不清楚。“自由”一词，在日常语言和生活中，在经济、政治、科技、哲学各领域中，其含义都不尽同，它们只是家族类似，不能等同使用。大多数科学家反对人工智能会有“自由意志”，他们认为人的一切行为包括道德行为在内，都是脑神经元和突触事先决定了的，人的一抬手一举足，也并非自觉的“自由意志”。20 世纪 80 年代早期，Benjamin Libet 便证明人想挥手腕前半秒钟便有神经活动，看来是“自由意志”（自己决定），其实自己却已是被决定了的

（已先有神经活动）。

我不是科学家，没资格参与这种讨论。但我以为，“自由意志”作为个体事实属于社会价值，与脑神经的科学研究无直接关系。“自由意志”不是一个自然科学问题，而主要是一个哲学伦理学问题。

问： 如何讲？

答： 两百年前 Kant 已讲得相当准确。Kant 认为，如同上帝存在、灵魂不朽一样，“自由意志”是一个有关“本体”（noumenon）的“先验幻相”，而并不与人和世界的经验存在即现象界相关。现象界是因果律支配一切，即一切现象均有因果，包括人的任何意志也脱离不了因果律的支配。只有在迥然不同于现象界的本体中，人才有自由。“本体”在 Kant 那里，就是超人类的实践理性。这里摘抄《批判》：

> 要注意的是，Kant 所谓自由，并非说在现实世界中有超出自然因果关系的自由。任何行为作为理论理性的对象，即作为思维、认识的对象，是探求其因果性的问题，即探求这件事发生的原因和规律，是对事实的表达或预测，受着严格的因果律的规定和支配，这里丝毫没有自由可言。这一方面也正好是法国唯物主义强调的方面。法国唯物主义认为，人的一切行为都是机械必然地受因果规律所制约，根本没有什么自由。Holbach 认为，一个人被人从窗口抛下与自己跳下去完全一样，都是必然的。所谓意志，受同样必然的因果规律所制约。Kant 认为，如根据这种观点，便可以得出一切道德、法律等等都无意义的结论。因为责备一件不道德的行为就等于责备一块石头为何落地伤人一样。Kant 曾举例说，如果这样，那任何犯罪的人都可以用他的行为是受因果律支配，即他的行为有客观原因来为自己辩护。一切不道德或犯罪都是由环境、条件、个性、习惯……所必然决定，自己并无责任，那么一切刑罚责难便没有必要存在了。Kant 的自由论就是为了与这种机械唯物主义相斗争。在 Kant 看来，作为认识的客观对象，一切

行为的确均有原因，是在时间中运行从而受因果律支配。但作为有理性的主体，Kant 强调，这同一件行为就有很大不同，存在着是否服从道德律令的问题。人在做任何一件行为时，只要不是精神失常，都是在具有自觉意识的意志支配下去做的，这里便面临着“意志自律”，具有决定和选择的自由。可以做也可以不做，可以这样做也可以那样做。尽管最终怎样做了是可以从因果律中找到原因，但在当时决定和选择，却是自由的，是可以决定和选择遵循或不遵循道德律令的。因此他对自己的这个行为便负有道德上的责任。因为他可以不管情况如何，不管任何内在或外在的条件制约和压迫，而决心按道德律令行事，“他由于觉得自己应行某事，就能够实行某事，并且亲身体会到自己原是自由的”。人不同于机器，不同于自然界，不同于动物，不是盲目地或机械地受因果律支配，全在于他的行为是经过自己自觉意志来选择决定的。意志也就是对自己行为的抉择，自由选择便成了问题要害所在。这也就是自由。Kant 强调，人作为感性现象界的存在，从属于时间条件，他的任何行为、活动和意志不过是自然机械系统的一个部分，遵循着严格的因果规律；但人作为本体的理性存在，可意识到自己是不属于时间条件的，他的这同一行为、活动和意志只服从于理性的自我立法。而道德优于认识，本体高于现象，自由可以作为原因干预自然，所以 Kant 强调，我“能做”是因为我“应做”。“能做”属于自然因果，“应做”就属于自由。(第八章)

问：这强调作为意志自律的“自由意志”是一个伦理学问题。即在群体生存延续中的个体行为的价值问题，与自然科学研究的脑神经元和突触导致的身体活动属于不同的领域。

答：如我以前所指出，一个人杀人和自杀或任何善恶行为，包括属于法律范畴的各种犯罪，都有其原因，都由因果律所支配。当然，因果律并不能等同于决定论，其中包含着更多的偶然性、概率性、循环性等等，在现象上则呈现为“选择性”。尽管人的行为的各种不同和对立的选择都可以找出其先天或后天的原因，但在当时，这个“选择”却具有重大的伦理学的意义，即必须厘定这个行为对社会群体的生存延续所带来的或产生的正负面价值的效应，这些效应是由不同的自觉选择所作出的，从而“自觉选择”便成了意志自律，即“自由意志”的核心。是选择死还是活，是选择服从道德律令（一般都是当时社会的伦理规范）还是相反，所以，Kant 认为“自由离开了道德就远远不能被人感到”，“只有道德才给我们初次发现出自由意志概念来”(《实践理性批判》)。

再引一段《批判》：

> Kant《道德形而上学》中曾明确指出意志的两个含义。一个是 Wille，指实践理性自身。一个是 Willkür，指行为的自觉意识。前一个是普遍立法的意志，后一个是个体执行的意志。前一个无后一个，等于只有立法而无执行，便是空洞的；后一个无前一个，便失去其道德意义而不能成立。只有 Willkür 将 Wille 当作法令接受而执行时，意志才成立。(第八章)

所谓 Wille，所谓自己立法的意志也就是可“普遍立法”的“实践理性自身”，我认为它主要是指道德心理第一要素意志以及其中含有的观念。这观念在履行者或执行者看来，是可“普遍立法”的原理原则，虽然实际并不如此，因为它是随时代社会以及文化传统的不同而不同而变异，因为并没有超越具体时空的可普遍立法的绝对性的观念，我在《批判》中把 Kant 的“普遍必然性”改称为“客观社会性”就由于此。但 Willkür 则大不相同，它突出的是三要素中的意志本身，它执行观念，古今同一，并无变化，因为它是人类百万年积淀下来的心理形式（结构、定势、框架），不管人类任何时代、文化所作的伦理规范，都需要这个不变的意志力量才可能去履行，所以我认为它是三要素中的主要角色。所以要首先明确提出。

问：也如你所说，它不是自然本能，生来就有，虽有时似乎是直觉行动，但也并非天赐的先验动力，它仍然是广义教育的成果，而且绝大多数是需要长期的艰苦锻炼才能获有。

答：这些以后还要讲到。此外，以后还要讲，观念是变化的，但某些观念它们正是随同这种意志力量并作为其内容而积淀下来。例如，"忠"这个观念和与之相连的情感，其具体对象可以变，由忠于友、忠于君、忠于国到忠于人民；"信"这个观念和与之相连的情感，由过去的"与朋友交，而不信乎"，变而为后代商务贸易往来中的诚信如"童叟不欺"，再变而为如今的遵守契约，作为内容的观念虽变了，这个情理结构的心理形式却与意志力量粘连一起积淀下来而仍然保存，成为定势、框架，超越了特定时空。这不是什么"绝对伦理"，而是绝对的道德形式中所积累所积淀的观念与情感，这种观念和情感是依附在道德心理形式的这些定势、框架、结构之上并与此形成结构并存的"抽象的"理性，而非具有特定时代、社会内容的具体观念和情感，如忠于首领，忠于人民，忠于圣战，信守誓言，保守契约，信守友谊等等，这个"忠""信"好像只是理性的观念，其实它们已融化为一种感性的心理定势或框架了，它们与忠于"谁"相结合，才成为真正现实的观念内容。"忠""信"在这里只是一种绝对性的道德结构和形式，这也就是Kant所说的可"普遍立法"的"自由意志"。意志也因为有这些近似的虽大有变易却又有共同处的观念内容，永不割离的不断积淀，才使那"普遍立法"的"自由意志"的理性形式建构不致空洞而成为虚无。文化人类学的大量材料证明，不同地区、不同文化、不同宗教等等，各有其巨大的差异甚至冲突的道德观念，但同时又仍有许多的共同点，即维持作为人类所共同拥有的群体生存延续的同样要求。例如，Kant伦理学那著名的"不说谎"，虽然并不具有无往不适的、绝对的普遍必然性，但一般说来，却又仍然为不同宗教、文化、民族的人类群体内部生存延续所必需，从普遍地教育儿童不说谎到各种宗教不打诳语的严格教义，都证明如此。诚恳、诚实、诚信，成了各不同文化、宗教、传统所公认的美德观念，而且经常加以神圣化。这也就是相对逐渐形成绝对，变中有不变者在的历史的内在积累性。这也是我很早便开始讲的社会的变为个体的，历史的变为心理的，理性的变为感性的，这也就是经验变先验，历史建理性，心理成本体。

问：回到开头提出的“自由意志”与“意志”两词的含义。你似乎是以经验心理来解说 Kant 的先验理性，以实用理性来替代 Kant 的先验理性。

答：自由意志是哲学、伦理学的问题，意志则是日常经验的问题。只有这样，哲学也才不虚玄化。体育锻炼、各种学习中也需要意志力量与坚持，但它们与伦理学自由意志、自觉选择无关。而这些其他领域中的意志培育却又可以有助于道德中自由意志的实现。总之，说它是一种人性能力，这能力不是天生或天分，而是教育、培养的成果。

问：你不是说 Kant 和你自己讲的是哲学伦理学么，怎么又扯到经验心理和日常生活用词？

答：先验必须落实到经验，自觉选择性的道德自律或“自由意志”的实现，仍然需要日常生活中意志这种人性能力的培育和教养。Kant 认为现象界的认识因果不能上升为本体，但本体可以干预现象。上节已讲，道德是做不做的行为，认识“应做”而不做，不能构成道德。Kant 和当今好些学者，把“应该”（ought to）和“能够”（can）混同，或认为应该做就能够做，这些都是不符合实际情况的。这也就是我要提出和强调日常生活中的意志力量在道德心理中位居首要的原因。

问：这点很重要，请再重复一下。

答：Kant 认为“应做”就一定“能做”，有 Wille 就有 Willkür，但实际上在道德领域，人们经常知道“应该”去做却“不能”去做，自古至今，比比皆然，特别是在生死关头的自觉选择，“千古艰难惟一死，伤心岂独息夫人”。Augustinus 也早就指出了这一点，认为只有请求上帝来帮助自己，才能够去做。

问：但日常生活中讲的道德并不一定如此。如你上面讲过的“泛化”的道德观念：不乱扔垃圾、富人捐善款等等。

答：这些在 Kant 看来，也许只能算依据外在他律行事，谈不上可与宇宙争光的“绝对律令”。

问：你的看法呢？

答：我承认它们仍可算道德，虽然是遵守外在的规范、秩序、要求行事，但其中总有“自我克制”的内在自觉的心理选择的特征，虽然不是 Kant 和中国儒学所追求的那种人格理想和人生境界。

问：总之，你强调道德是一种行为和这种行为的心理，它们靠意志而培育养成，以至变为直觉。

答：对。

问：所以用 Gilbert Ryle 的“knowing that”与“knowing hou”来讲后者乃道德，是将认识论关于知的理论加于伦理学，并不合适。

答：对。前面已讲，道德必需是行，而非会、想、知，道德主要是“做不做”的问题，而不是“知不知”的问题，也不是“想不想”“会不会”“愿不愿”的问题。

二　观　念

问：总之，你认为作为日常语言和经验心理的意志是哲学伦理学的自由意志的实在根基，对吧？

答：也可以这么说。

问：你这经验的意志当然是“认识到而决心如此做（或不做）”，是理性而非本能，是知道如何做（knowing how）而且去做。但既有“认知”（knowing）在内，“认知”总是认知某种具体行动，有具体内容，为何说它只是形式？

答：所谓“形式”除其中含有 Aristotle 的“形式因”的造形含义

外，主要是指它只是一种人为的或人化的心理结构，是决定去做而且做了的行动力量，它的内容是观念，这刚才讲过了。

问： 这“内容方面”是观念，当然也属于理性。

答： 观念就是你所认同或服从的伦理规范、教义、法律、秩序、风俗、习惯等以及由它们产生或形成的善恶是非的标准，它们一般以概念形态出现的思想、意见、学说、道理呈现和存留在人们的头脑中，有些可以变成某种非概念的潜意识，但仍然是理性的产物，虽然经常与情感紧相联结渗透在一起。

问： 这就要涉及善恶、是非等大问题了。

答： 它们都属于我所说三要素的“观念”要素。

问： 你把意志和观念分开，一是理性形式，一是理性内容，内容（观念）有各种变化迁移，却始终依存此形式（意志）而实现。前述“9·11”例子，救火队员与恐怖分子观念敌对，意志却相同，对吗？

答： 对。已说过很多次了。

问： 绝大部分地区的人民都斥责恐怖分子和拉登，极少数地区却尊之为英雄，可见，证明善恶、是非的观念有巨大差异。

答： 这就是现代社会性道德的观念与传统宗教性道德观念的差异和严重冲突。

问： 前者对，后者错。所以你认为人类的共同观念是有进步的，即你说的历史的积累性。历史经验亦即人类生存生活使人们的观念在变迁在进步，如你举过的女权问题。

答： 对。上面也讲过了，恐怖分子与救火队员的观念中又有某种共同的成分，如“忠”：救火队员忠诚于现代社会性的职业道德，恐怖分子也忠诚于他们所信奉的被歪曲了的伊斯兰圣战观念。

问： 所以你才说不变的意志形式总与某种变迁或不变的观念内容在一起，才具体地不断构建着人类心理的形式、结构、定势、框架。

答： 所以，意志才不是空洞的，不变的观念是变迁的观念依附在意志中而存留下来，这形式和定势才可以避免 Hegel 对 Kant 的批评。

Kant 提出的是“自由意志”的“普遍立法”的心理特征，但未注意观念内容，他所提出的“不说谎”等观念内容却又恰恰并不能无往不适、普遍立法。

问：你说 Hegel 注意到了这点，他提出家庭、社会、国家等具体且变迁着的社会情况和观念，但又没注意到道德行为的意志形式的心理，Hegel 的伦理学属于历史，没讲心理，Marx 也如此。

答：所以我提出伦理学应分成两大部分，一是规范伦理学，包括政治哲学，讲求探究社会规范（伦理）和个体的义务、责任（道德），二是道德心理学，讲求探究个体道德行为心理，即我提出的道德三要素的意志、观念和情感以及它们如何履行伦理规范要求的个人义务、责任等等，把这三者（意志、观念和情感）混同一气，讲不清楚。将伦理与道德混同一气，更讲不清楚。好些人经常把这五者（伦理、道德、意志、观念、情感）混同一起，就更是一塌糊涂了。

问：现在政治哲学和规范伦理学是伦理学主流，讨论、研究的是道德准则、规范如何得来，有何特征和效用，从而个体或群体、理性与非理性、自由与平等、多元与一元、合理性、透明性，什么是“好生活”“共同善”“什么是幸福”等等，以及这些概念的厘定和内容。

答：可惜这都不属于本书范围，它们非常复杂，需要专门的仔细的具体研究，远非我这里所能和所应谈及，这里只能用一句话来表达，即是反复提过的“历史主义”，一切道德规范、准则以及其各种理念、思想、学说，都是历史地形成，从而必须历史地考察和研究讨论。它们统统都属于我提出的三要素的“观念”要素，它的确是所有道德行为和道德心理的内容，都不在我现在的讨论范围，我提出的是更基础的心理框架、形式问题，尽量避免把这些基础问题与各种规范由来、效应问题混在一起。在后面讲两德论，也只能触及边缘，也不能作具体研讨。

问：但你总得谈谈善恶问题吧，即使不提各种具体伦理规范、准则如何谈论善恶，善恶都总是伦理学包括道德心理的首要课题之一，属于你讲的“观念”要素，而性善性恶这始终是伦理学和道德心理的一大难题，善恶既是“观念”要素，就从此谈开吧。

答：可以。人性善是中国传统，孟子倡之，后儒和之，启蒙读物《三字经》传播之，当代西方社会生物学更以动物也有道德发扬之（可参阅 Edwavd. o. Wilson 的著作以及 Donald J. Munro，*A Chinese Ethics for the New Century*，香港中文大学，2005 年版），形成了今日伦理学的主流。当然其中仍有自然人性论和先验人性论的分别。

问：何谓也？

答：动物本就有互相抚育、亲爱、合作、互助等族类本能，表现在行动上，也就有与人类相似甚或“相同”的“道德”现象。所以上节我谈过“动物有否道德”的讨论，参与讨论的大多数不同意动物有道德，认为那只是某种与人类道德行为相似的本能活动，并非有意识的自觉的理性主宰的行为。因为动物没有理性的观念，没有概念和语言。

问：你上面讲中国儒学中从一开始就从道德上强调人兽之分、人禽之别。

答：所以与 Donald J. Munro 不同，中国哲学讲人性善、讲“恻隐之心”，并非动物本能，而认为这是上天赐予人的一种先于经验的“德性”。宋明儒学更是大讲特讲这一点，认为人性善的性即是“理”，是“天地之性”“义理之性”，而区别于“气质之性”“食色性也”的“性”，虽然属于同一个心，但前面是“道心”，后面是“人心”，“道心”必须主宰“人心”，才能实现这个“人性善”。也就是“天理”必须主宰管控“人欲”，才能性善。因之所谓“天命之谓性”便被宋明理学说成是上天神明特别赐予人类的这个“善”性。当今港台新儒家，更用西方哲学方式突出论证了这一点，这就是先验人性（善）论。

问：你说过，群居动物族类既有所谓“性善”的一面，但也有“性恶”的一面，如相互争夺、抢劫、撕咬、杀戮这些凶残本能，这也就是荀子要强调“性恶”，认为其善者，人为也（“伪也”）。

答：我以为孟、荀对立的实际依据就是动物本能的这两个不同的方面，孟子特别是宋儒把它提升到天命之类的高度，使之甩开了动物性。因之所谓“性善”或宋儒所谓“天地之性”“义理之性”，由此成了远远高于人类的天的赐予、旨意或命令了。

问：荀子没有这样。没有把动物的恶提到先验的高度。

答：西方基督教倒这样做了，如包括 Kant 也相信的所谓“绝对恶”就如此。这也不是指动物凶残而是指甚至上帝便有的恶，指“自由意志”（自觉选择吃了不应吃的伊甸园的苹果），以及“原罪”（人生下来便有原罪）等等，也与动物本性无关，而是不可避免甚至不可理解的神意、天赐。

问：这是些说理盈筐的玄奥神秘的神学课题。

答：所以这里也无法详加评说。有趣的是这种种中西传统的先验人性善恶论与当今社会生物学的动物道德说、自然人性说相当一致，可说殊途同归。

问：同归于什么？

答：同归于脱离人类的历史进程，忽视或否定人是历史的产物，否定历史在内外的积累性。

问：你的看法是什么？

答：我主张的是人类学历史本体论，强调人性善恶的历史性，即具体性和积累性，以及偶然性。

问：何谓也？

答：善恶首先是一种具体的历史观念，它通由社会伦理规范而进入个体心理，形成了一定时空条件下的善恶观念。我多次举过杀老弃老与养老敬老的不同善恶观念。在粮食不足以维持群体生存的时代，弃老杀老是请老人早日进入天国的“善”；在今日就不如此。妇女自焚（殉夫）、溺杀女婴等在男权至上的地区和文化中并不被视为“恶”，平等、自由、博爱也不被视为“善”，如此等等。总之，善恶作为观念，是变迁的，是有具体历史性的。

问：但道德沦丧是今天的共识。

答：这倒是老生常谈。第一，人类道德是否在整体倒退？不然。“人心不古，道德沦丧”其实已经喊了几千年，先秦韩非便尖锐驳斥过这一论调。我也引用过唐朝魏徵说的，如真是如此，人早变成鬼了。就总体说，人类的社会伦理和个体道德都在进步。主要是因为人的观念及与之紧相联系的情感有变化、有进步，例如自由主义倡导突显的个体自由、人格尊严、独立自主，包括妇女的人权平等，便极大地推进了社会生活的改善和发展，使整体社会道德水平也远超以往年代。第二，在社会前进的转型时期，“道德沦丧”之所以突出，是因为这种现代新秩序新道德尚未真正建立，而旧秩序旧道德却日益崩毁，人们行为活动失去了可遵循的规范准则而花样百出、美丑并行，特别是陈腐的旧观念旧秩序却通过新形式造成了各种日常行为、活动中的扭曲和丑陋，更使人难以接受、不可相信和无所适从，以致造成道德虚空。第三，今天人们对权钱交易、贪污腐败和官本位特别愤恨，就不是 M. Sandell 讲的等价交换的市场对道德一般侵害的问题，而是传统体制中的“封建”特权霸占市场、垄断交易进行“超经济剥削”（Marx）即前市场行为的问题，但它们可以通过市场交易的形式畅行无阻地出现。而这主要就是因为现代社会性道德尚未能落实在法律上，特权行为可以任意作为。无法可循、有法不依和执法不严，才是今天面临的问题。由于中国是第二、第三混在一起，情况便更为复杂、严重。前现代与现代交错，使道德标准混乱、败坏分外突显。

问：Hannah Arendt 提出“平庸之恶”，你如何理解？

答：我以为所谓“平庸之恶”就是愚昧地、盲目地遵循某种社会的、宗教的、政治的旧有伦理规范或准则，甚至明知不对而接受、顺从、服务和履行其“绝对命令”，亦即中国儒家所讲的“愚忠愚孝”，所以我在那张“伦理学总览表”（见下图）中特地画了由“理”到“礼”的虚线，即肯定、赞同、表扬、反抗这种“平庸之恶”的行为和思想意识，其实也就是 Kant 所说的，应该发扬自己的理性来判断、

伦 理 学 总 览 表

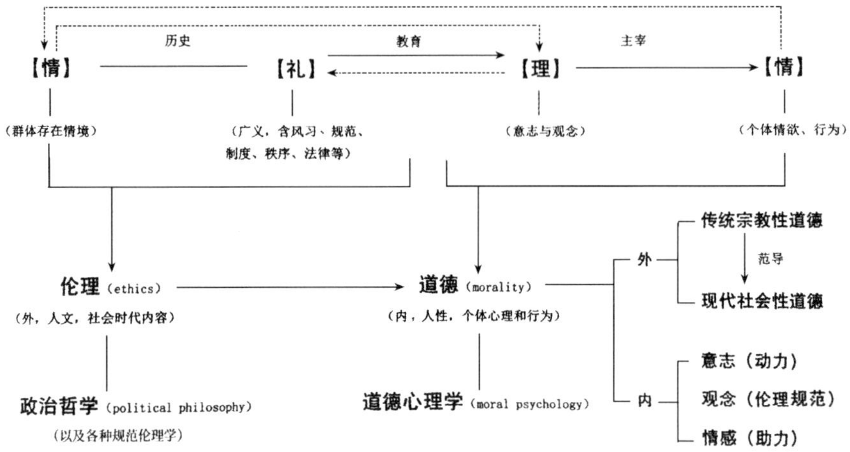

不盲从、不迷信的启蒙主义，我之所以肯定和赞扬“五四”，也如此。如陈独秀所言，用新道德反抗旧道德，抵制已经泛滥数百年被视为理所当然的“平庸之恶”。

问：你将人类的生存进展作为“至善”？

答：对，这一点很重要，“至善”或“善”的来源、本质，不再是上帝、神明、圣人、超人类的纯粹理性，而是非常具体的人类作为动物族类的感性生命总体。它使价值的根源不再是上帝或理性，从而伦理道德上的“应该”（ought to）和事实（is，历史进程）在源头上不再分割。这样，善恶观念的历史具体性和积累性（进步性）就非常清楚。人类学历史本体论强调 is 与 ought to 在本源上的一致，亦即事实与价值在人类生存延续这一本体论上的同源和一致。

问：但你又讲历史与伦理的矛盾、二律背反。

答：历史是复杂的，进步也是曲折迂回的，上面是就人类百万年的历史总体说，就群体说，历史进程高于个体道德；就个体说，太上立德高于立功立言，这里面便有许多复杂而深刻的矛盾，我以前在讲历史人物评论时讲过这点。

问：你如何说的？

答：“歌其功而不颂其德”（参阅拙作《“美育代宗教”答问》一文），理知认识、情感赋予都应作某种“度”的把握分合。

问：这种“度”的把握，也就是中国传统儒学讲究的“私德”（修身）和“公德”（处世）吧？

答：这也可说是将“做人”（立德）与“做事”（立功）区分开来。

三　情　感

问：道德心理你已讲了意志和观念，一是理性形式，一是理性内容，认为这两种要素都含有认识、意识、自觉，现在该谈到作为第三要素的情感了。

答：于是我们便终于碰到了道德心理的难题和核心了，也就是Kant的理性主义和Hume的情感主义的分歧。

问：与Kant的理性主义相反，Hume是情感主义，理性是情感的奴仆乃Hume名言。孟子的“恻隐之心”也将情感（同情）作为道德出发点，社会生物学家从动物出发，当然更如此。

答：2007年1月29日《TIME》杂志有一篇题为《我们如何做出生死抉择》的短文，也很有意思。该文说，根据近来脑科学大脑扫描研究，是情感决定了人的一般行为选择。只有在脑内与抽象思维和认识控制相连区域的活动水平加强并占优势时，才做出相反决定。该文配图以一列火车开来，如不转闸换轨即将撞死五人，而换轨则将撞死自己所爱的一人或某一无辜的人作例，除非功利主义伦理学（亦即理性的社会认识或法则）告知和命令死五不如死一，人们一般不会去转闸换轨而宁肯袖手旁观。可见人的行为、道德的根基是情感而非理性，还是Hume正确。

问：这是那著名的有轨电车案例的复述。照这种说法，人的行为和道德完全是本能性或非意识性的了，根本无需人性能力、道德良心、自由意志了。

答：这与我所说 Kant 强调人性能力完全相反。我以为刚才讲的那个例子倒恰好说明，即使并不一定是“善”或“对”，但决定改闸换轨，这一坚决执行理性命令不顾感情私利的抉择，正是“自由意志”和人性能力的展示，而为动物所不能。在战争中为掩护集体安全而闷杀啼哭的亲生婴儿，不被谴责而受赞扬，也以此故。中国传统讲的“大义灭亲”“毁家纾难”等也如此。这都属于特殊或极端的情况。社会性的理性命令高于个体的经验感情，只有这样，群体才能存在，群体中的个体也才能存在，即使牺牲某个个体也必须如此，这就是伦理道德。当然在一般和更多的情况中，是履行道德的义务常常以某种积极的、肯定性的情感，如同情、爱、怜惜等等来作为帮助力量，特别在“泛化”了的道德观念中。在这一点上，Hume 是有道理的。在这里，情感与理性便合二而一，而理性似乎只是情感的奴隶了。

问：所以你以 Kant 为主，辅以 Hume，理性为主（理主宰情），情感为辅，既强调情感并非道德的必要条件，也非充分条件，并以“9·11”为证，又说那是特殊情况，一般则两者同行，如所说的“泛化”中。

答：由于特殊情况的生死关头最能体现道德的本质特征，即理（礼）主宰情而灭欲，消灭生存这个生物体的最大本能和欲望。在“泛化”中不大容易看到，最多只是刚才说过的“自我克制”而已。所以反而这种“特殊”情况显示道德的心理特征。

问：你讲的情感要素是否即道德情感？

答：非也。道德情感是一个非常复杂而多歧义的问题，有道德行为前的感情（如同情心）、道德行为中的情感（如自豪感）、道德行为后自己和他人以及后人的情感（如敬重感）。我这里讲的情感要素当然主要指同情心、恻隐之心、博爱等正面感情，但也不排斥并且还包括许多负面的情感如仇恨、愤怒、憎恶（如对坏人坏事）的情感；道德情感多种多样，交错繁复，所有这些都需要道德心理学作专门的研究说明，不在本书范围内。

问：关于 Kant 的道德情感有许多讨论。

答：Kant 在前后著作中讲了不少有关道德情感，其中不免有出入、差异甚至矛盾之处，但总的看来仍很清楚。Kant 特别重视的道德情感主要是“敬重”，并认为“敬重”是一种智性的愉快，可见其中理知（认识、观念）因素和意志自豪起了决定性作用，它与其他愉快（包括其他的智性愉快）有所不同，更不是道德情感之前、动物也可能有的“恻隐之心”“同情”等等。

四　直觉问题

问：除了理、情外，道德行为有时还表现为一种直觉性的行为，即根本没有去考虑（理），也不显现情感的冲动。直觉说是中外著名的伦理学说。

答：我认为除某种生物族类的本能，如母鸡保护小鸡的母爱等外，就人类说这仍然是长期受环境影响、受各种教育的成果。我也说过，20 世纪 50 年代讨论美学，便碰到这个问题，美感的直觉性比道德感更为突出，似乎根本没有理性参与，便直接地感到对象的美或不美，等等。

问：那你们如何解释的？

答：当时我提出了美感两重性，即显现形态的主观直接性和社会实质的客观功利性，前者包括生物的感受本能。如红绿不同色彩对生物感官的不同刺激和反应，但主要是后者，当时还引用了 Hegel 的《小逻辑》，讲直接性由间接性所形成的哲学论点。

问：道德的直觉性，如 G. E. Moore 提出的不可解析等理论，影响极大，开创了语言分析的元伦理学。你就这样轻易解决了？

答：我并非轻易解决，而且至今也未解决，这需要脑科学即神经生理学的未来研究，我只是从伦理学角度强调这种直觉性是需要意志、观念、情感三要素的长期培育。这三要素本就是混在一起难以分割的，理论上予以分解，只是为了突出三者之间的关系、结构、反馈，非常多样、复杂。直觉性只是一种表现形态。

问：你曾指出，中国传统讲求理性的观念、意志与情感的同时培育，使是非（观念）与好恶（情感）合为一体，对吗？

答：对。而且仍然是需要经过长期、艰苦的自我锻炼才能成为意志的行动力量，亦即成为直觉，我曾以此来解说孟子和王阳明。这样才使“应该”（ought to）成为“能够”（can），使“理主宰情”最终成为“理”“情”均不见的“直觉”，王阳明所谓即知即行，也就是孟子说的“不虑而知，不学而能”，其实并非“不虑”“不学”，而是这种“虑”“学”为时已久，是经过长期苦修、锻炼意志的结果。所以我不赞同孟子这句话，但承认有这种现象，而这现象仍然是“学”“虑”的成果。总之，我认为除动物性的生理反应外，一切直觉都是后天环境、习惯、制度所造成和产生出来的。

问：当然，实际情况非常复杂，情理冲突在道德行为中经常出现，便说明道德并非来源于直觉，重大或严重的如“大义灭亲”，轻一点的如“忠孝不能两全”，更一般的如夫妻吵架以至离婚，忘恩负义而感自愧，等等。人们可以产生那么多复杂情感，如羞愧、自豪、忧虑、焦急、烦闷、敬重、嫉妒、仰慕……种种心理，便相当程度或实质上都与道德中的情理冲突或和谐有关。它们也都可以表现在直觉中，所以直觉并不可靠，而直觉和情感总含有潜在或非自觉的认知因素。

又如，你在讨论班提出的母杀父二十年后，孩子发现了应否告母而依法执行死刑的问题。大多数学生说不告，似乎是一种直觉，却说不出理由。因为这个情理冲突中，本应该是理（杀人者死）主宰情（亲情）呀。

答：其实理由可以是：维持和培育亲情本身就是维护人类生存延续的一种巨大的理性价值，所以舜父犯罪，皋陶执法，舜弃位“窃负而逃”，“亲亲相隐”自古至今也相当普遍地在不同地区、文化、国家中或多或少地接受和容忍。直觉经常与情感连在一起，但要注意，人情本身具有理性价值，这是中国传统的一个重点。

问：有些具体问题的确麻烦。如溺水是先救八岁幼女还是先救八十岁的老母，美术馆失火是先抢救珍贵文物还是先抢救人员等等，牵涉到这个意志、观念、情感的道德心理结构的个体特征。

答：后者或有博物馆守则的明文规定，前者或有传统差异，如中国强调“孝”，可能以救母为先；西方功利主义和自由主义则可能以救女为先。但都很难作出统一规定。仍得由当时各种具体情况（如救出的可能性等等）来定，其中偶然性也很突出。这仍然需要“具体情况具体解决”的历史主义，而不是先验的理性主义、公式主义，不是僵硬执行某种规则、主义。其中的情理关系特别是直觉问题当然更为复杂多样。

问：你书中和讨论班上还论到著名的海上杀人案和电车等。

答：这里就不重复。电车案例中又有换轨（司机）和推胖人下桥（旁观者），死一与死五和死一与死百千的种种不同，如此等等。有兴趣可以找些书来看看。

问：与你许多看法截然相反，当今研究儒学的学者教授们多数都在论证、强调先验的良知、直觉、心体等等，张扬的是从孟子到王阳明直到牟宗三的先验人性论，强调的是由内而外，由内在的道德“心体”而外在的伦理规范（或“性体”），所以天授天赐的直觉特别重要。

答：对。我恰恰是反对他们和针对他们这些而强调荀子、董仲舒甚至朱熹所重视的“礼”“理”，论证由外而内，由伦理而道德，由社会（群体）而个体，并且反复地不断地质问他们这个“先验”的“良知”“本心”“一念生处”等由何而来或如何得来，为什么其他动物都没有。如果是天赐或本有，是婴儿就有还是几岁被赐，婴儿、幼儿能有道德本能吗？这种常识性的询问，却始终没有一个学人肯回答或作出任何解答。

问：这倒的确有点奇怪。

答：我以为他（她）们旋转和迷失在自己所制造的哲学语言的迷宫里，论辩不休却对整个文化人类学和当今神经生理学即脑科学和心理学的大量材料视而不见，不闻不问，不知不晓，死抱着孟子先验"四端说"等章句作几乎无穷尽的表面的"细致"实际是空洞的研讨，从虚假的大小前提得出完全不符合经验实际的虚假结论。一讲到道德动力是理性的或具有认知内容的便斥责为"他律"，不仅完全误读Kant，实际不过是在宣扬神秘主义，即所谓没有来由、不可知晓的"天心""本心""本性"之类等等。

问：你经常讲这种先验人性与社会生物学强调的动物本能表面相反，一个好像是至高无比的形上，一个是至低无比的形下，实际却殊途同归完全一致，即认为道德动力均由"天"赐，这"天"，一个说成是"上帝""天命"，一个说成是动物的本性、本能，如此而已。难怪外国学者们如Donald J. Munro要将两者混在一起讲了。中国学者倒似乎没人说动物本能，他们的儒学先验人性论一般都大谈孟子，并以之作为最强有力的传统依据和出发点。

答：好，那我们也来谈点孟子吧。

五　孟子的伟大贡献

问：你是反对孟子的"四端说"的。

答：孟子和宋明儒学以天赐（先验理性）的"四端"来讲道德的渊源，以"不忍人之心"来推出"不忍人之政"，我以为是错误的。特别是宋明理学和当代港台新儒家将之抬入云霄，大讲先验或超验的天命、天理、良心、良知等等，斥责和贬低荀子、董仲舒、王充、叶适等人，我特别地不赞成，因之才充分肯定荀子以及后来的“外王”路线。

问：那你今天如何来肯定孟子？

答：讲伦理学特别是道德心理学，必须突出孟子。孟子的伟大贡献，我以为并不在提出这先验或先天的“四端”，而在于他继承和极大地发扬了孔子的“三军可夺帅也，匹夫不可夺志也”“岁寒，然后知松柏之后凋也”（《论语·子罕》），亦即孔学“仁”的结构中的个体人格力量。孟子提出了具有“浩然之气”“至大至刚”（《孟子·公孙丑上》）、“上下与天地同流”（《孟子·尽心上》）的大丈夫伟大品德，“富贵不能淫，贫贱不能移，威武不能屈”（《孟子·滕文公下》）。它本源出于远古巫师所夸扬的内在心灵能上天通神的巨大神秘力量，孟子把它理性化和世俗化了，说成是凡人均可具有的个体的独立人格。这一说确实空前绝后，无人能比，也非荀子所能比，对中国后世影响极大，成了中国历代士大夫和现代知识人的伟大传统和心魂骄傲，一直有着极为巨大的影响和现实意义。而这恰好是伦理学的要害所在。

问：孟子就这一点贡献么？

答：其实有这一点就足够了。当然孟子还有“民贵君轻”的重要宣说。这种观念在原典儒学中本已有之，孟子将之发扬光大，其中仍然与普通人的个体人格的独立、自由相联系，“说大人，则藐之，勿视其巍巍然”（《孟子·尽心下》），今天不仍然实用么?！可见，孟子所培育的“浩然之气”的“自由意志”仍然有其观念内容，这内容不是上天通神，而是与民同乐，民贵君轻。所以朱元璋要把孟子赶出孔庙。

问：鲁迅也说过：“我们从古以来，就有埋头苦干的人，有拼命硬干的人，有为民请命的人，有舍身求法的人……虽是等于为帝王将相作家谱的所谓‘正史’，也往往掩不住他们的光耀，这就是中国的脊梁。”（《且介亭杂文·中国人失掉自信力了吗》）可说是承续了这一光辉。

答：尽管鲁迅“骂孔子”“批国粹”，是反传统的急先锋。但鲁迅死后，灵柩上盖着的仍然是“民族魂”的旗帜。可见，这“民族魂”正是关怀国事民瘼、坚韧奋斗、决不屈从的知识人独立的伟大个体人格和“自由意志”。这也就是对孟子的真正继承，包括在理论上和在实践中。这才是传统的力量所在。

问：这也才是中国传统强调“人之所以为人”的哲学伦理学。顾准、林昭、陈寅恪、梁漱溟……便在不同程度以不同方式体现了这种精神，而颇不同于 Heidegge 那种空洞的“敢死”（只有人能去死以体认存在，结果却鼓动人去为纳粹卖命）。因为中国这种道德精神是恰恰具有其具体观念内容的自觉选择和以坚韧意志去真实履行的。

答：正是。看当今学者们的心性论议，其思辨何其抽象乃尔。这些“恻隐之心”是由天赐良知所自动生发出来的吗？当然不是。所以孟子才大讲“苦其心志，劳其筋骨，饿其体肤，空乏其身，行拂乱其所为，所以动心忍性，曾益其所不能”（《孟子·告子下》）等等，说的正是这种人格塑造、这种意志力量是由理性主宰情欲不断锤炼的结果。这就是我讲的理性凝聚。王阳明也讲“凝聚”，说是“结圣胎”（《传习录·中》）。王阳明讲的“下学”并非学知识，而正是讲这种锻炼凝聚意志，合是非（认知）好恶于一体的行动即良知良能。

问：有趣的是，人们把恻隐、同情的本能情感放在道德首位。你却把自由意志、理性凝聚放在首位，而都说是承续孟子。

答：上面已说我的确不赞同孟子讲的“不学而能”“不虑而知”的先天的“良知”“良能”（《孟子·尽心上》）。就个体道德说，我高扬孟子的“自由意志”，但就伦理学总体来说，我主张由外而内、由伦理而道德的荀子路线。

问：你今天讲的，过去都讲过。你的《伦理学纲要续篇》（三联版）一书中的那张“伦理学总览表”，交代得比较清楚。

答：这里不做说明了，请读者参看该书，特别是拙文《关于“伦理学总览表”的说明（2018）》。这里要说清楚的是，所有内外、道德与伦理、道德心理学和政治哲学，虽有区分或侧重的不同，但无论在现实生活和理论论说中，又经常是连在一起，彼此交错渗透的。

问：今日学界主流，如你所说，是德性论的先验人性论。

答：我一直反对此说，学者们现在都大讲“仁”，好像“仁”就是“爱”，而从不仔细分析。我却以为孔子的“仁”是紧相联结、交叉错综的四个方面有机构成的中华文化心理结构体（参阅《孔子再评价》1980年），第四方面就是这种“岁寒，然后知松柏之后凋也”“三军可夺帅也，匹夫不可夺志也”“有杀身以成仁，无求生以害仁”的个体自由、独立的人格，孟子发扬的正是这个方面，因为巫史传统，孟子把它描绘为可“塞于天地之间”的“浩然之气”，它是以志帅气，集义而成，该文“附论孟子”节曾特别地指出孟子有一“奇特的养气说”：

> 夫志，气之帅也；气，体之充也……持其志，无暴其气……我善养吾浩然之气……其为气也，至大至刚，以直养而无害，则塞于天地之间。其为气也，配义与道；无是，馁也。是集义所生者，非义袭而取之也。行有不慊于心，则馁矣。我故曰，告子未尝知义，以其外之也。（《孟子·公孙丑上》）
>
> 这似乎相当神秘。两千年来，对此也有种种解释。我以为除去其中可能涉及养生学说的生理理论外，它主要讲的是伦理学中理性凝聚的问题，即理性凝聚为意志，使感性行动成为一种由理性支配、主宰的力量，所以感到自己是充实的。作为伦理实践必要条件的意志力量之所以不同于一般的感性，便正由于其中已凝聚有理性，这就是所谓“集义”。它是自己有意识有目的地培育发扬出来的，这就是“养气”。
>
> “集义”既作为“理性的凝聚”，这“凝聚”就并非仅是认识，而必须通过行为、活动（“必有事焉”）才能培育。所以它包括知、行二者在内。正由于人的意志力中有理性的凝聚，从而

就不是外在的“义”（告子）所能替代。至于这种由“集义”所生的“气”与“四端”如“不忍人之心”（“恻隐之心”）等等又有何关系，是何种关系，孟子并没交代清楚。但很明显的是，孟子强调的正是凝聚了理性的感性力量。人是凭着这种“集义而生”的感性（“气”）而与宇宙天地相交通。这也就是孟子所再三讲的，“存其心，养其性，所以事天也”（《孟子·尽心上》），“夫君子所过者化，所存者神，上下与天地同流”（《孟子·尽心上》）等等。它就是为孟子所首倡而后到《中庸》再到宋明理学的儒学“内圣”之道（文天祥的《正气歌》把孟子讲的“浩然之气”可说作了实用伦理学上的充分发挥）。它与由荀子、《易传》到董仲舒再到后世的“经世致用”的“外王”之道，恰好成为儒学中的两个并行的车轮和两条不同的路线。有时它们相互补充，交融统一；有时又互相对峙，分头发展。它们从不同方面把孔子仁学结构不断丰富化，而成为中国文化心理结构的主体部分。

我也一直与牟宗三辩论，强调即使孟子的“四端”也没有脱离感性经验，从而不是先验或超验的，但仍然是通天人的中国巫史传统的巫师品德和能力的理性表述，个人的“浩然之气”能“塞于天地之间”不就是“天人合一”型的巫师神力存留吗？在这里，神秘性和神圣性并存，它高出于日常生活和常人品行，但又可为常人所追求、所达到，“人皆可以为尧舜”。

问：你不是尊荀贬孟吗？

答：完全不对，我只是一直为荀子鸣不平，他自宋明理学以来，一直被压低，遭贬责，章太炎等人曾一度尊荀，后又没消息了。港台新儒学兴起后，便更如此了。

问：你尊荀学，却又“扬孟旗”，使一些学人迷惑不解。

答：可能。其实我对孟评价很高，大家没十分留意罢了。

问：请说说道理。

答：上面所引20世纪80年代的论述应该很清楚了。将个体“自由意志”提到与天地相通的神秘又神圣的高度，便抓住了哲学伦理学的核心，荀子所树立和突出的“类”（人类）主要不属于道德心理学的范围，“大我”（类）由“小我”（个体）组成，而且高于“小我”，但“小我”这种“浩然之气”正是使“大我”生存延续的重要条件。所以“太上立德”在“立功”“立言”之上。“举孟旗”，就是要在各种艰难处境中坚持孟子的“三不”（“富贵不能淫，贫贱不能移，威武不能屈”）精神，至今仍然如此，这就是自由意志。

六　孔、孟还是周、孔

问：但你还是以周（公）、孔（子）替代孔、孟（子）？

答：周是外王，孔是内圣，孔并未能做成外王，秦皇汉武倒做到了，其实一部中国史主要就是“孔夫子+秦始皇”，孟、荀不过是各自发展孔的一个方面。荀子本人也未能开外王，他的学生倒是帮助秦始皇做成了。所以我重视陈寅恪讲李斯“佐成秦治”的儒学路线。周公的材料太少，只好代之以秦始皇，孔子在汉代也被称为“为汉创制”的素王。周以封建制维持800年（至少在名义上），秦汉（汉承秦制）以郡县制和文官制维持至今二千余年。周与秦汉当然大不相同，但在统一“天下”，并维持、延续这个巨大时空实体以成为中国，是相承续的。所以在思想史，我以孔—荀—董—朱为正统。周、孔之道是就整个中国历史行进道路而言。而孔、孟相连，只是突出了个体精神，周、孔相连才显示历史的真实存在，前面已讲，就人类说，历史进程高于个体道德，就个体说，后者又高于前者。

问：你多次强调周公，都讲得太少，应再讲几句。

答：我以为周公制礼作乐，将“情本体”化为一整套异常严酷强制性的规范制度，的确如王国维所说，定后世“亲亲尊尊”的社会根基，所以我一再提及祭——“丧服”为礼之首的巨大意义和作用，到1949年前，所谓“五服”内外的差别，“五服”之内的等差级别仍广泛在社会中保持和延续。“亲亲”正是以血缘远近规定关系以建构个体的不同行为、态度、语言，而且同时也以外在规范和丧服的级别严格的服饰，作为由伦理（外）到道德（内）的通道，这通道又正是以自然情感的不同哀伤的级别化序列化的理性表达，愈亲则丧服愈粗劣，以表达愈哀痛的感情，如此等等。这是一种极为伟大的创造。我所以一再讲孔子回答宰我三年之丧疑问的阐释，是内在化地实现了周公礼乐制度的精髓。周孔并称就远比孔孟并称，以孟子恻隐之心来谈情本体，要深刻多了，也说明“情本体”是有理性渗入的情理结构，既非自然本能，也非上天赐予。正是周公开创了政治、伦理、宗教三合一的礼教（名教），外来宗教多次光临，也未能动摇有“情本体”支撑着的这个“教”。今日拈出这个“教”的根基（“情理结构”），作为“范导”便有助于中国现代性的道德建构。

问：《论语》《孟子》都偏于内圣，讲求个体修养，数百年来约定俗成，无可厚非。

答：也不必“非”它，仍可继续使用。康有为叹惜《论语》一书乃曾子门徒编写，如果由好谈政治的子张门徒编撰，将孔子的政治、社会主张突显出来，孔子的面貌会有很大不同。

问：这只是一种假设罢了。

答：这假设倒不无道理，但孔子的社会政治主张也就是继承周公“一统”天下那一套仪典和制度，但也一定会有所发展和改变，所以我说荀子、《礼记》是孔门主流、正统。

问：所以你要以周、孔替代孔、孟。

答：其实宋代以前均周、孔并称，宋后开始孔、孟并称，这与理学兴起颇为攸关。但汉、唐才是中华盛世，宋以来却国势日衰，理学家们高谈道德心性，对李斯、桑弘羊、李泌、刘晏、杨炎，以至王安石、张居正诸多具有外王功业的著名人物，常加贬抑鄙视。有如那句有名的批评话语："平日袖手谈心性，临危一死报君王。"刘蕺山以"君心安则天下安矣"不着边际、毫无效用的"退贼"建言和以绝粒殉国的道德行动，相当典型地披露了如何玄妙高贵的道德修养行为和形而上学也挽救不了也复兴不了中国的。有如 Kant 所言，"良好的国家体制并不能期待于道德，相反，一个民族良好道德的形成，首先就要期待于良好的国家体制"（《论永久和平》）。以周（由巫到礼，建构情理）、孔（释礼归仁，突出情本）代孔、孟，其意亦在此处。现代梁漱溟、钱穆等人倒是周、孔并称的。

这里再添几段，将宋明理学和港台新儒家所抬捧的颜回、曾子的传统对比一下：

牟宗三《心体与性体·综论》："故真正轻忽孔子而与孔子传统为敌者，叶水心也……吾读其书极不怿。"

［宋］《宋元学案·水心学案》："曾子之学，以身为本……于大道多遗略，未可谓至。"

［宋］陈亮《龙川文集·送吴允成运干序》："自道德性命之说一兴……为士者耻言文章行义，而曰尽心知性，居官者耻言政事言判，面曰学道爱人；相蒙相欺，以尽废天下之实，则亦终于百事不理而已。"

［清］颜元《存学编》卷二："吾读甲申殉难录至'愧无半策匡时难，惟余一死报君恩'，未尝不凄然泣下也；至览和靖祭伊川'不背于师有之，有益于世则未'之语，又不觉废卷浩叹，为生民怆惶久之。"

七　不同层次

问：还回到人性善恶问题吧，孟子道性善，你不也认为"人性善"是一种设定，可与基督教原罪说相比拟，你需要再澄清一下。

答：讨论人性善恶要有两个层次，一个层次是孟、荀由两种动物本能上升为人性善恶问题，另一层次是两种不同的形上设定问题。所以，孟、荀等讨论的性善性恶与基督教讲的原罪以及“绝对恶”实际上是根本不同的层次，是完全不同的也不能比较的概念。“生下来就有罪”来自“两个世界”，人必须下罚人间经历劳苦而死亡。这与动物凶杀等本能毫无关系。而中国“人生下来性善性恶”，实际是指在“一个世界”中人有动物本能的两个不同方面，这是我所理解的“生之谓性”，若硬要把它们说成先验或超验，便等于认同有另一个世界而接近或类似基督教、伊斯兰或佛家的“彼岸”了。因之，以人类生存延续为“至善”而推论出个体的“性善”，是一种在一个世界观内的情感的信仰设定，即认为也相信我生下来是好事，在这不可知晓而足可敬畏的物自体苍茫宇宙中，我这偶然性的渺小生命生下来就应该是善良的。这才与基督教的设定处于同一层次而可相互比较。中国这一设定可以让人对此世生存和生活有一种积极的、乐观的情感，展示出中国传统无人格神却有以“天地国亲师”（“师”者，历史以及“至圣先师”也）为归依对象而具备深刻的准宗教性的信仰特色。这也就是情本体的“有情宇宙观”的意义所在，它可以与上帝—基督情感、信仰和原罪论的**设定**并驾齐驱。中国的巫史传统以人的乐生的积极情感赋予宇宙自然，如“天行健”“天地之大德曰生”“天道无亲，常与善人”“生生之谓易”等等，我称之为“有情宇宙观”（参阅《中国古代思想史论》）。它作为宇宙观，从而也就**设定**了人性善，人生并无罪，相反，人的出生、生命、生存本身是好的、善的，恶恰恰是破坏这生存、生命。由己及人，由人及物。由于没有人格神的上帝，人只能依靠这个具有“生生之德”的宇宙实乃人的爱的情感来帮助“应该”成为“能够”，情感成为道德行为的重要助力，极大地帮助理性来完成行动。从而追求理知锻炼出的人性能力（意志）、理知判断得出的是非善恶（观念）和情感的三合一。

问：那你就认同宋明理学和港台新儒家的“内圣开外王”的先验

的良知德性？

答：恰恰相反，我一直反对由内而外的先验心性论，所有这些意志、观念和情感都是历史—教育的成果。前面已讲，我不赞同孟子由“不忍人之心”开出“不忍人之政”，更不赞成牟宗三的道德坎陷开出现代政治的民主人权等理论，以及由“大丈夫”而尽心通天的工夫论。

问：你如何评论当代流行的儒学工夫论。

答：孟子说“大丈夫”时很明确地指明“得志与民由之，不得志独行其道”（《孟子·滕文公下》），他那大丈夫的意志锻炼和巨大成就，是和“与民由之”“民贵君轻”观念紧密连在一起的，他那“不忍人之心”虽然开不出“不忍人之政”，但两者也是紧密连在一起的，即个体的道德行为是为了群体的生存和生活，“心”之为了“政”，因之根本不是什么脱离社会政治的个体静坐修炼通体光明之类，根本不是为了寻求个体的通神上天。工夫论是受与世事无关的佛家道路的影响，汉唐并无此说。所以我以为工夫论应以自由意志锻炼说替代之，才能恢复孟子的原意。它是积极入世的，而非消极出世的，孟子也不是避世的庄子。孟子、荀子与孔子一样，都是积极投身政治活动的人物，他们都强调教育，强调学习，这学习不是静坐修炼，为了超凡入圣，而是精通“六艺”（礼、乐、射、御、书、数），为了在人间干番事业。

问：孟子与你讲的“有情宇宙观”没有关系？能否把人们讲得很多的“恻隐之心”“不忍人之心”，纳入所说的“有情宇宙观”之内？

答：不仅可以，而且很好。孟子的“四端”说是对中国“有情宇宙观”的重要贡献，即将“天行健”“人性善”这个假设、设定具体贯彻到“人皆有之”这个经验层面。应注意的，是孟子是将“是非之心”“恭敬之心”“辞让之心”等含有明显的理性因素的“心”与情感性偏重的“恻隐之心”同时并举混合提出的，由于孟子突出了“恻隐之心”如“以羊易牛”“不忍人之心”等等，便使“有情宇宙观”的设定层面，落实在经验性的日常心理层面，这样，孟、荀之分即动物性两面性的分歧争论的原意依然保存而更为突出，孟子而且把两个不同层次的善恶观念**合成一体**，使“有情宇宙观”因有动物性本能正面情感的支持，更近人情、接地气，它不是上帝命令亚拉伯罕杀子以显示威权，也不是将“恻隐之心”抬入先验形上。“恻隐之心”本就是动物也可能具有的同情心、怜悯心、爱护心，却可以作为形上设定的“有情宇宙观”的世间现实基础。其实孟子就讲过许多“闻其声而不忍食其肉”“君子远庖厨”等非常具体“恻隐之心”的经验心理，却被牟宗三等人硬抬入先验，成为形上的“不安不忍”，但“不安不忍”不正是一种心理经验么？拙作《中国古代思想史论》（1985）指出，孟子特别是其后的宋明理学的绝对主义伦理学，即使把道德作为本体抬到超验高度，却又仍然不能脱开其感性特色。该书讲述孟子时，有如下说法：

> 把这种“绝对命令”的先验普遍性与经验世界的人的情感（主要是所谓“恻隐之心”实即同情心）直接联系起来，并以它（心理情感）为基础。从而人性善的先验道德本体便是通过现实人世的心理情感被确认和证实的。超感性的先验本体混同在感性心理之中。从而普遍的道德理性不离开感性而又超越于感性，它既是先验本体同时又是经验现象。孟子说，“礼义之悦我心犹刍豢之悦我口”，“仁义礼智根于心。其生色也，睟然见于面，盎于背，施于四体，四体不言而喻。”（《孟子·尽心上》）先验道德本体竟然可以与感觉、生理、身体、生命相直接沟通联系，从而它似乎本身也是感性的或具有感性的成分、性质了。这便是中国哲学“体用不二”“天人合一”特征在伦理学上的早期表现。

这是20世纪80年代写的，这里所说的心理情感为“基础”，就是指即使讲伦理学，也仍然不能脱离人以动物族类存在这一“基础”。这正是巫史传统的一个世界说，而非天人隔绝的两个世界，所以我有宋儒受佛教影响追求超验世界的失败的看法（见拙文《论实用理性与乐感文化》2004年版）。孟子的“恻隐之心”可以看作是形上设定

"有情宇宙观"的乐感文化的展现，虽然不能把它当作道德的特征和起源，特别是不能如宋儒和港台新儒家那样把它说是非心理、超经验的先验缘由。

问：宋儒追求超验而失败？

答：原典儒学以孝悌为"仁"之本，程朱理学以"仁"为孝悌之本，把原典完全颠倒了，于是"仁"变成天理、良知等超经验的所谓"道心""天命"的形上，但又说"道心"不能脱离"人心"，与Kant和西方神学、哲学的本体（noumenon）与现象界可以截然二分，前者并不依靠后者而存在大不相同，所以我说宋明理学追求超验（超越感性经验的天理、良知）作为本体（noumenon）是失败了。中国没有那种超验的"本体"，原典儒学的巫史传统的一个世界观难以动摇。

问：讲了这许多，人性到底是善还是恶？

答：人性并无善恶，但你可以选择相信人性善（儒家）或相信人性恶（基督教），这是一个情感—信仰问题。

八　道德与超道德

问：你在"伦理学总览表"说明文中说：认同钱穆"中国儒学思想则更着重此心的情感部分，尤胜于其看重理智部分。我们只能说，自理知来完成性情，不能说由性情来完成理知"，然而在后面又说"在伦理学中，是理性凝聚，从而这就不是'理知去完成性情'（本文开始所引钱穆语），而是'情感去完成理智'"，岂不矛盾？

答：不矛盾，这里不但有群体个体问题，而且是个体在道德行为的心理（理性凝聚，即情感来完成理知）与整个人生境界和本体建构（理知来完成性情）的不同，这也就涉及道德与超道德的问题。

问：Kant以"文化—道德的人"作为大自然的最终目的，宋明理学以及许多古代、现代学说也以道德为人生最高境界，Levinas提出

“伦理学是第一哲学”，这与你以美学为第一哲学颇为不同。

答：这是另一题目，这里不能详说，因为涉及以美育代宗教这个大问题。简单说来，道德心理的最高点是即知即行的直觉性的生活境界和人生态度，即视死如归的平常心，并且将它视作一种快乐，从而由道德而超道德，西方归结于宗教，进入上帝怀抱的天国世界，中国则归于一个世界的历史洪流，这个洪流也就是人类生存延续的本体世界，此“本体”非 noumenon。正因为此，美育才可能和可以替代宗教。

问：你的《美学四讲》（1989）把审美分为悦耳悦目（以感官愉快突出为特征）、悦心悦意（以心意愉快为特征）、悦志悦神三种类和三层次，而且悦神还高于悦志，现在你还如此认为吗？

答：当然。“悦志悦神”作为审美状态，远不仅指欣赏和创作艺术，而且更指生活和人生，并以此达到和创造现实生活中的人生最高境界，即所谓“悦神”的天地境界。这境界仍然不脱离人生感性世界和人间生活。神圣性的“有情宇宙观”，使美学可以成为人生归依和生活最高境界，而替代宗教，这亦即是将自己融入“参天地赞化育”使后人永恒记忆的历史洪流中，它与回归上帝怀抱相比，并不逊色。道德与超道德的不同在这里，孔、孟之不同也在这里。在宋明理学的程、朱眼里，孟子大概是道德的顶峰，孔子则是道德而又超道德了，当然，这也只是我的解说。

问：孔、孟不同？

答：有如程、朱所言，“仲尼，元气也；颜子，春气也，孟子并秋气尽见”“孟子有些英气，才有英气便有圭角，英气甚害事”（《二程遗书》卷 18），“孟子则攘臂扼腕，尽发于外……孔子则浑然无迹……孟子其迹尽见”（《朱子语类》卷 52），说的便是孟子高扬大丈夫刚正不屈的自由意志的“英气”，仍在道德范围内。

问：这应该是至高无上了。

答：不然。这只是在伦理学上的至高至上。在追求超验、构建形上哲理的程、朱看来，这还不够顶峰，顶峰是这种“浩然之气”的自由意志已经变成一种平平常常的生活态度、人生境界，变成“从心所欲不逾矩”的“平常心”，包括杀身成仁、舍生取义都是自自然然，“浑然无迹”，根本不需要这种自由意志的“英气”外露了。这当然是品级极高了。在他们看来，也许孟子还只是道德，而孔子则是达到超道德的形而上学天地境界了。所以提出“孔颜乐处”而非“孔孟乐处”。所以孔子才是“至圣先师”。这“师”仍是人，不是神，所以审美（天地境界）才代宗教（上帝天国）。

其实，各宗教均有之，Kierkegaard 也是由伦理进入最高境界的宗教，宋儒追求超验的天理是失败了，但他们提出这一由道德而超道德的人生境界却是哲理上一大贡献。中国缺乏人格神的宗教信仰，实际是以宇宙自然为上帝、为依托、为归宿，既超道德而又不脱离感性世界，可“视死如归”而又“托体同山阿”（陶潜诗），所以美学能成为最高的人生境界，美学是第一哲学亦就此而言。

问：你翻译的 Kant“恒思二者，畏敬日增：位我上者，灿烂星空；道德律令，在我心中”，这是道德还是超道德？

答：包括 Kant 本人也许都把它看作是道德境界，我却认为它已超道德，进入天地境界，“灿烂星空”那种崇高感在中国传统中恰恰是“悦志悦神”的美感最上层，“灿烂星空”不就是“天地”吗？你夏夜仰望天空所产生的那种与心中道德律令同在，亦即与个人作为本体与宇宙协同共在的崇高、美丽而神秘的直观感受，不就是这种美感吗？它是“以美储善”的感受，已超出慷慨悲歌从容就义的道德感了。Kierkegaard 伦理之上是宗教，Kant 也说过“道德不可避免地走向宗教”（《单纯理性限度内的宗教》序），提出“道德的神学”，却认为“道德律令并不需要宗教和上帝来保证，但宗教和上帝都必须依靠道德律令而存在。中世纪认为善就是上帝的意志，要求相信和服从一个在道德意识之上，甚或与道德无关的外在权威（上帝），这正是康德伦理学所反对的”（《批判》p. 334—335）。但 Kant 同时“深知宗教并不能完全等同于道德。它有另一种并非道德所能具有的特殊的情感特征和力量”（同上）。这种超道德的情感特征和力量，就是我以“理性的神秘”和“以美储善”来重新解说中国传统“孔颜乐处”的审美生活态度和人生境界，亦即仍具有感性要素的“天地境界”。这里的关键也仍在两个世界和一个世界，Kierkegaard 认为这个世界不值得活，所以审美（感性）最低，宗教（灵魂）最高，Kant 未必如此。他那“灿烂星空”便正可以解释为具有物质性的宇宙天地。

问：这也就是你常讲的“与宇宙协同共在”的感受。

答：Kant 这话语中还有“恒思二者，畏敬日增”，我解释为是指那个不可知为何存在的宇宙物质总体即“物自体”，这里要说明一点的是，在写《批判》一书的七十年代，我并不认同这个不可知的“物自体”，当年认为没有什么不可知，到后来我否定了自己的这个观点，相反我特别强调了这个只能敬畏却不可认知的“物自体”，在《论实用理性与乐感文化》（2004）一文中明确表达了这一看法，强调了敬畏或畏敬，这是以前所未表达的，并且把它与“美学是第一哲学”的论证联结在一起了，同时指出“美学是第一哲学”乃未来式，现在走红和应该走红的“第一哲学”是政治哲学（包括各种规范伦理学）。这也仍然是在贯彻我的历史主义，“美学是第一哲学”是就个体而言，古今皆然，政治哲学都是就个体与群体关系而言，是当今至少几十年甚或百年最需要讨论、研究和解决的重大问题，但我无法在本书中研讨说明了。它的详细研讨越出了我的领域和范围。

问：但就这方面而言，你指责过宋明理学轻视“外王”、事功，脱离了巫史传统。

答：这一批评并未改变，特别还要加上已经说过的以静坐修炼而追求超验是错误的宗教道路。美学作为超道德的人生最高境界倒可以与讲求事功、外王的汉代欢快的宴会总以挽歌、哀乐作结相承续，使“有限的人生感伤总富有无垠宇宙的含义，它变成了一种本体的感受”（《华夏美学》1988）。在这感伤中去体验那并不专属于自己的存在，那滚滚的历史洪流成为自己有限性确认后的意义的寻求，此非本真中的本真，乃是情的珍惜而非理的晓谕。但我仍无法在此讨论庞大复杂的政治哲学。

问：那就回到更现实的日常生活吧，前面你引述《TIME》那个事例。说宁死五个不相干的人，也不死个亲爱或熟悉的人，不是理性而是情感作主宰，也不能算不道德，正如你不是消防队员，不去救火也不算不道德，如你以前所说过那样，对吧？

答：这已是对“泛化”了的道德不道德的标准来说，但也仍然是理性在作主宰或决定，虽然这些与道德心理的主要特征的理论探讨有所不同。

问：理论学说应该联系实际呀。

答：任何理论到具体事例，不能生搬硬套，其间有许多中介环节，当年我对 M. Sander 救灾应该用市场原则还是道德原则即涨价与否要学生表态表示反对，便是如此。

问：这章主要讲道德行为的心理世界，你的理论归结说来是如何？

答：有如《道德心理学手册》一书详细介绍评说了当今英美意识/认知（consciousness/cognition）和直觉/情感（intuitive/affect）两大派后所说：“直觉/情感和意识/认识诸系统之间相互作用如何产生道德判断现在知之甚少”（*The Moral Psychology Handbook*, Oxford, 2013, p. 67），但仍然认为“现涌现的共识核心是承认道德判断是在不同心理系统相互作用和竞争的产物”（p. 47）。该书讲直觉也有与我相同和类似的说法。总之，道德判断是多种心理系统作用的结果。在我看来主要也就是上述三要素系统之间的关系，并重视其中理性为主、情感辅之。人是动物，但人是政治（城邦）的亦即理性的动物。

问：包括最后涉及的超伦理的审美，也仍是内在心理，但现实的日常生活中的道德如义务、责任等等，则必然涉及外部世界，这是否要谈到你的两德论了？

答：然也，请听下回分解。

第三章
两德（传统宗教性道德与现代社会性道德）说

一　两德不分

问：1994 年你提出这个“两德论”，陆续发表了不少文章，想请你先概说一下。

答：好，就先说三点：

一、社会性道德前有“现代”两字，这非常重要。它指出这种道德以前没有，是近现代（modern）产物，它的哲学代表是 Hobbes、Locke、Rousseau、Kant 一直到 John Rawls，这种道德基本上是一种理性的建构。

二、一般说来，在传统社会中，没有两德的区分，两者是混合在一起不作区分的，如基督教伦理、儒家伦理（“礼”），也如今天某些伊斯兰国家的伦理，其中情感因素很重，因为宗教信仰的原故，例如儒家的“礼”，便有对天地祖先的浓厚的宗教情感。

三、两种道德都是历史的产物，并适应于一定的时代。现代社会性道德是以现代市场经济、契约原则、个人本位等为基础，适应于现代人的生活。它已经与传统的宗教性道德分离和区别开，所以我才提出两种道德，虽然它经常受传统的宗教性道德的制约和范导，这制约与范导有好处有坏处。

问：既然都是历史的产物，便从第二点说起，如何？

答：好。在现代社会以前，道德就是道德，不分两种。但是何谓“现代”，从何时算起，却争论极多，这里无法涉及，便暂从工业革命时代开始算起吧。

问：你已说过，任何动物群体的生存延续都要有一套规矩，猴群就如此，但人类把这套规矩通过语言，理性化地大大提高了，成了自觉意识。

答：从个体说，这是如前所说，由外而内，由强迫、教育而自觉履行。

问：就群体或社会说，这就是你所说的“礼源于俗”。

答：至少在中国，这“俗”一开始就被笼罩在“巫”的阴影下，新石器时代考古证明了这一点（可参阅郭大顺等人著作），到了“礼”以后便更如此。“礼”来自“巫”。也就是说，当时人的一切行为活动都必须依据或按照巫→礼的要求进行。巫就是神秘仪式和人物，也就是具有所谓“宗教性”的。

问：就是说，从一开始，社会性与宗教性便不可分开。

答：是。“宗教性道德”实质上本是一种“社会性道德”。它本是一定时代、地域、民族、集团，即一定时空条件环境下的或大或小的人类群体为维持、保护、延续其生存、生活所要求的共同行为方式、准则或标准。由于当时的环境和主客观条件，这种“社会性道德”必须也必然以一种超社会超人世的形态出现。从图腾时代的动物崇拜到宗法社会的祖先崇拜，从多神到一神，从巫术到宗教，包括后世抽象到哲学理论上，都如此。即世上人间的各种道德准则、人的行为规范、心性修养，本源于超越此有限人际、生活世俗的“天理”“良心”“上帝”“理性”，正因为这样，人群才慑服，万众才信从。

问：它的确如此，Kant 的“理性”便是超人类的，与你讲的理性颇不相同。

答：个体道德来自群体伦理，伦理本是不断演化、微调以适应不断变化着的生存环境的，却以某种传奇性的伟大人物的行为、言语使之变为超越这个世界并具有严重的神圣性质，经验便由此变成了先验，世间的制度、要求、法规包括远非人为设计的长久习俗，都或多或少或远或近或直接或间接地披戴上神秘光环，成了神圣习俗和不可触犯的教规教义。神圣性使它获有了普遍必然性的语言权信仰、敬畏、崇拜的对象。各宗教教主如耶稣、释迦牟尼、穆罕默德，中国的周公、孔子，以及某些近代领袖，都如此。“宗力，具有非个体甚至非人群集体所能比拟、所可抵御的巨大力量，而成为服从、教性道德”本来源于一定时空内的某种“社会性道德”，被提升为“普遍必然性”的信仰、情感的最终依托后，便成为敬畏崇拜的神圣对象。Einstein 说：“道德不是什么神圣的东西；它纯粹是人的事情。”（《科学的宗教精神》）但由于各种主客观需要，人的事情变成了神意或神谕、天理或良知。

问：你最后这两句的确十分切要。

答：在古代各文化传统中，伦理、政治、道德，包括上面已提到的似与宗教无关的风俗习惯，实际上都具有来自巫术或宗教，或多或少程度不一地具有神圣或神秘的宗教性能，从而“社会性道德”与“宗教性道德”便混而不分。中国两千年来传统的“三纲五伦”具有“天理”“良知”的至上神圣性和“普遍必然性”，从而也才使人间生活具有神圣性，即“礼”的神圣性。“礼”却包括了人的一切行为举止和语言、活动（可参阅《仪礼》等）。西方的基督教义（《圣经》）、阿拉伯世界的《古兰经》，更直接以神的旨意来宣讲伦理道德和根据这些道德的政治、法律的普遍必然的绝对性，政教不分。实际上，这种“先验”或“超验”的普遍必然只是一定历史时期的客观社会性的经验产物，但“给经验以权威”，便成了原始的神圣（参阅 Hume《人性论》第三卷）。

问：中国又如何呢？

答：上面已经讲过了。例如，作为中国“礼教”的轴心和中国古代诸道德根基的“孝悌”，本是氏族群体为维护、巩固、发展其生存延续而要求个体履行的一种社会性的道德义务。它是以家庭为单位、以宗族为支柱的小生产的农耕经济的时代产物。其中氏族血缘关系至为重要，在中国延续至今。“孝”经由上古和古代巫术礼仪到礼制化和心灵化之后，便成为“天之经，地之义”，成为先验或超验的“天理”和“良知”，即某种具有超越此世间人际的神圣性的绝对律令。“不孝”不只是违反人际规则，而更是触犯天条，当遭天谴。从汉代《孝经》宣告“孝”是天经地义，到历代小传统中关于孝受天福、不孝遭天谴的传奇故事，都说明“孝”长久既是中国人的“宗教性道德”，也是中国人的“社会性道德”，两德并不分离，只是在各种具体行为中，两者的同一性有或浓或淡的差异而已。

问：你讲的这些，根据上节的说法，都是有关观念的道德内容，如“孝”，那应该是宗教性“伦理”和社会性“伦理”的不可分割，为什么说是两种道德呢？

答：这是一开始便有人提出的质疑。问题是：因为这里并不讨论外在伦理规范如“孝”的种种内容、方式和问题，而只是指社会伦理进入个体行为和心理的不同性质。有的宗教性极浓厚，如基督教七天去教堂、伊斯兰教麦加朝圣、中国人的拜祭祖先等等，有的略淡如每饭谢恩（天主教）、日有五拜（伊斯兰教）、晨昏叩安（中国），有的似无却有，如敬长尊老（中国）、黑袍着装（伊斯兰教）、一般的祝福（基督教）等等，它指向和落实在个体道德行为及心理中，所以不能称伦理而只是个体行为和心理的道德。这也说明，内心的道德不能脱离外在的伦理，伦理在理论和具体实践中又不能绝对地离开政治，道德心理中的“观念”，前面已说，便是伦理—政治规范。所以伦理学实际包含了政治哲学和道德心理学，如我那一张“总览表”所展示。

二　两德分离

问：那么，两德如何会分离呢？

答：外在伦理规范虽是维护社会群体的生存延续，由于环境的差异和变迁，这些规范也随之变迁改易，当然任何文化、宗教以及巫术都有它们的相对独立性即习惯性，即使在地区和环境等外在情况极大变迁改易，有些规范却仍然可以“我自岿然不动”。锦衣玉食却仍不允女性开车，身在巴黎时装首都仍穿黑袍只露双眼，女人必戴头巾，男性一定留须，伊斯兰教不吃猪肉，印度教敬奉牛群……凡此种种，文化人类学述之已详，文化相对主义也甚嚣尘上，认为“此亦一是非，彼亦一是非”无分高下，不可争辩。

问：你不是主张历史具体性，认为社会变化中有先进与落后、正确与错误之分吗？

答：但有些文化传统、宗教传统所带来的风俗习惯（外，社会）、行为心理（内，个体）上的种种差别歧异，因与当下的经济、政治变迁距离甚远甚至少有关系却可定势常存，习俗不改，伊斯兰教禁食猪肉也正如美国人不习惯于吃鸡头鸭爪一样，完全可以并存，各是其所是，各非其所非，丝毫不必强求一致，一统江山。

问：但总有个共同的道理吧，毕竟都是人，都属于人类。

答：宗教是具有强烈情感的信仰，产生的原因和道理也许已变迁，但既成信仰的情感却不容易改变，特别是世代相传，不断巩固之后。例如，即使 Kant 早已论证上帝存在不能证明，非理性所可认知，但二百年后人们包括科学家们仍然相信上帝存在，这就是一种无理可说也不必说的情感信仰。许多人生活和生存有时非常需要有这种信仰，才觉得安心和幸福，人生才有意义和快乐，生存才有目标和保障。中国也如此，即使不去求神拜佛，却仍然相信天意、天命和各种神明。现代也有以某种世俗性的政治宗教来吸引、鼓动人们去信仰、去追求某种理性目标而贡献终身，与“传统宗教性道德”相当一致。

问：你只是强调了“宗教性道德”的传统力量如此相对独立和强大有力，并没回答我的问题，即外在伦理规范既随时代、社会有变迁，如何影响或改变个体的道德行为和心理，并产生与“传统宗教性道德”不同的“现代社会性道德”？

答：如一开头所说：“社会性道德”前冠以“现代”两字的重要。这里首先需要说一下“传统宗教性道德”和“现代社会性道德”的相同点。其相同点是，两者都是自己给行为立法，都是理性对自己的感性活动和感性存在的命令和规定，甚至都表现为某种“良知良能”的心理主动形式：不容分说，不能逃避，或见义勇为，或见危授命。其区别在于，“传统宗教性道德”是自己选择的终极关怀和安身立命，它是个体追求的最高价值，常与信仰、情感相关联，好像是执行“神”的意志。“现代社会性道德”则是某一时代社会中群体（民族、国家、集团、党派）的客观要求，而为个体所必须履行的责任、义务，常与法律、政治紧密关联。前者似绝对，却未必每一个人都能履行，它有关个人修养水平。后者似相对，却要求该群体每个成员的坚决履行，而无关个体状况。对个体可以有“传统宗教性道德”的期待，却不可强求；对个体必须有“现代社会性道德”的规约，而不能例外。一个最高纲领，一个最低要求；借用 Kant 认识论的术语，一个是范导原理（regulatve principle），一个是构造原理（constitutive principle）。

问：那么，这个“构造原理”从哪里来？

答：一个世纪以前，梁启超在其《新民说》一文中提出了“私德”与“公德”，开始区分两德并以提倡“公德”为主，不久他从美国回后，却来了个几乎是 180°的转弯，即仍然合并两德，并以“私德”为主。有意思的是，一百年以后，又有好些当代学人如同梁一样，20 世纪 80 年代倡导“公德”，现如今却又以“私德”为主了。所谓“私德”，就是中国传统道德，“公德”是指西方现代社会性道德。当然，在传统道德中，由于伦理道德混为一谈等等原因，也可分出“公”“私”即“公德”（如前面讲过的“处世”）和“私德”（“做人”）两个方面，与梁启超和我们这里讲的“两德”并不相同。

问： 公德、私德仍需要略加说明才清楚。

答： “私德”是指从《三字经》、“四书五经”到各种传统典籍中所讲的“三纲”“五伦”“六纪”、忠孝仁爱信义和平和妇女的“三从四德”等以及各种相关的风俗习惯，“公德”则是梁所推荐介绍由西方传来的自由、平等、人权、法治等等，其中核心是强调个人独立的自由主义的观念系统。

问： 当然，这些现代“公德”与传统的“私德”有一定的距离、差异甚至矛盾、冲突。在中国，如你在《中国古代思想史论》中说，我是什么？我是父之子，子之父，妻之夫等等，在西方现代，我就是我，即我的身体和心灵。

答： 这也就是说，我（个体）是组成社会（群体）的基本单位，社会应为个体生存服务，而非相反。中国传统确乎相反，个体是为群体（社会）的生存延续服务，个体必须处在群体社会的一个特定的位置和秩序上，没有独立的个体，社会单位也不能是个体。

问： 那么，为什么今天需要“公德”呢？

答： 我认为，所谓“现代社会性道德”或所谓“公德”有其食衣住行等日常经济生活的来源，并以之为理由、为基础的。工业化使个体劳动力可以自由买卖，即人身不再依附在家庭农业小生产或农奴制的规范秩序下，个体从家庭、家族、地区（如农村）解脱或解放出来，如近四十年来大量农民进城打工，在各种双方必须遵守和履行的协定下工作和生活，在貌似自由平等的根基上，宣告了个人的独立，其实这也就是在资本主义的契约的原则和市场竞争的根基上所产生的新的道德观念，即“现代社会性道德”观念，它与天、与神、与上帝无关。

问： 这些道德观念、规约却与现代的政治、法律直接相关。

答： 甚至可以上升到哲学的理论高度，产生了如本文一开头所举出的许多哲学家和哲学理论。总之，由个体为社会存在，变化为社会为个体存在。Kant“人是目的”成为总纲领。

问： 它也就是所谓“普世价值”。

答： 但这“普世价值”仍是历史产物，所以我一再申言，“天赋人权”“人生而平等”并非自古就有、远近咸宜的“普世价值”，它最多也只有五百年的历史，而且至今也远未“普世”。它远远滞后于经济的全球一体化。全球经济一体化有时尚可倒退，何况这些道德观念。梁启超的转弯倒退便正是如此，他看到欧美社会“公德”即自由、平等、人权、独立等所带来的许多缺憾、祸害和灾难，认为不如回到传统中国道德的怀抱。由此可见，两德的分离有重要的意义。但更要看到，它是一桩艰难而漫长的工作。特别是历史经验说明，具有根深蒂固传统的宗教性道德，可以以原教旨主义或强势意识形态等形式，与一定社会、集团的实际力量相结合，常常蛊惑、控制或发动某种“群众运动”，使很不容易争取得来的个人自由一夜之间便“改变颜色”，踪迹全无。

问： 既然人们说全球经济一体化迟早不可避免，因之现代社会性道德也将如此。

答： 也因此便发生了两德各种严重矛盾和冲突。

问： 你提出两德区分，似乎非常重视由于差别分歧和矛盾冲突，从而两德的关系十分重要。

答： 对。所以我提出了“范导和适当构建”，但未充分展开。

问： 为什么？

答： 什么是“范导和适当构建”，如何能“适当”，各不同宗教、文化、传统又有何差别，都异常复杂多样，我以为它们都属于各种政治哲学和规范伦理学的范围，规范伦理学又有各种应用的、职业的伦理学，以及环境伦理学、描述伦理学等等。我的哲学伦理学只需提出两德说这一点就可以了，更具体的分析和论证应由政治哲学、规范伦理学等来承担，有如我上章说道德心理三要素，提出谁主谁从就可以了，许多具体结构、定势、框架等应由道德心理学去探究。

问：刚才你提到许多具体问题应属“政治哲学”，但你大讲“吃饭哲学”和“现代社会性道德”，是否也包含了一个政治哲学系统？

答：不敢这么说，因为我没专门研究过政治学。但我提出的“历史与伦理的二律背反”（1980），“历史在悲剧中前行”（1999），“两德论”（1994）和“经济发展→个人自由→社会公正→政治民主”四顺序论（1995、1999），“要社会理想，不要理想社会”（1994），以及“欧盟是走向世界大同之道”（1992、2002）等，可以在我的人类学历史本体论基础上展开政治哲学系统。但我没能力做了。

看来，还会有一个世界性的各种民族主义（包括打着“天下”旗号的）甚至种族主义的汹涌浪潮，即我所谓的倒退时期，总之世界大同还早得很。但正如“人是目的”一样，大同世界应该作为一种人类理想来探索和追求。

三　与 Rawls 的“重叠共识”的异同

问：这里可以谈谈 Rawls 了。因为有些人认为，你的“两德论”是受 John Rawls《政治自由主义》（1993）一书的影响而提出的。

答：否。实际情况是，我最初提出“两德论”是《哲学探寻录》，该文作于 1991 年春，1994 年春改毕，刊出于同年香港《明报月刊》（第 7—10 期）。我一直认为，中国传统自古迄今，始终有一个中国式的“政教合一”即宗教、伦理、政治三合一的问题，经常表现为一种泛道德主义，影响甚大，严重阻碍现代生活和现代道德观念的建立和传布，应予以解构，解构之后再重建。而解构途径似应就是区分两德。Rawls 该书出版，当时我并不知道，也未看过。之后，我读到该书中提出可与传统脱钩的“重叠共识”（overlapping consensus），觉得与我讲的“两德论”的“现代社会性道德”颇有相似之处。在我今天的记忆中，Rawls 论说的是当今的社会政治原则与自由、平等、人权、独立等制度、观念不必强调其来自某种特定的传统或文化，不必去追溯、探寻、论证或归结于某种文化传统，如一般追溯或归结为古希腊平等的自由民，或基督教的上帝面前人人平等；Rawls 认为只要证明这些规范是当今人们达成的“重叠共识”就可以了，便可避免很多无谓的争论和剧烈的冲突。这种看法似乎以前没人提出过，受到了学界的重视，被称之为“脱钩论”。“重叠共识”成了常见的术语，我也非常赞同。

问：你为什么赞同他的“脱钩论”？

答：这很简单。因为脱钩，才能把“两德”分开。不脱钩，不就变成“一德论”了？

问：那你的“两德论”与 Rawls 的“重叠共识”就完全一样？

答：否。尽管赞同，但我的“两德论”与之却仍有两大差异。

第一个差异是，我认为 Rawls 没有交代这种“重叠共识”有何基础、如何可能和有何来由，“两德论”对此却有所阐释。华东师大童世骏教授曾送我国外刊物上发表的他的一篇英文文章，题目是《关于“重叠共识”的“重叠共识”》，其中提及关于“重叠共识”有 C. Taylor、Habermas 以及我的三种不同说法，指出我认为“重叠共识”的基础和来由是因为现代大工业生产、商品经济发展至今，日益全球一体化，从而以个体为单位、以契约为原则便成了各个地区各种社会结构和制度体系的共同的走势和“重叠”的“共识”。童称我为一种“马克思主义的解说”，但这又仍然不过是那张“伦理学总览表”中的那条第一个“情”（生产—生活情境，如英国中世纪晚期的羊毛贸易、开始机器生产等等）到“礼”（英国《大宪章》以来的政治走势和制度）和“理”（自由、平等、独立、人权等伦理意识和政治观念和理论，如 Locke 的《政府论》等等）的实线所表示的。“总览表”中的实线表示某种必然性的建构，虚线则是或然性的解构。例如在传统的宋明理学中，朱熹是实线，朱学以“理一分殊”作出乡规、族约、里规、祠议等伦理道德的建构性的制度安排和观念体系，统治中国数百年之久，王阳明则只能是由理到礼的虚线，阳明学以强有力的自由意志对旧有秩序作解构性的挑战、破坏和颠覆，如大讲“端茶童子即是圣人”“满街都是圣人”等等，对旧有的礼法制度和观念、情感产生了重要的冲击，但并未能作出建构性的秩序安排和制度设计，从而始终未能成为统治社会的正统学说，明代中晚盛极一时后在清代便消歇。但阳明学在鼓励人们独立自主的意志方面却对后世起了巨大影响。

问：还是回到现代社会性道德这个问题吧。

答：中国在清末遇到了李鸿章所说的“三千年未有之大变局”，这其实也就是西方以大工业商品生产对以家庭小农制生产—生活方式为基础的传统社会的入侵，特别加上中国在“船坚炮利”的外国侵略下不断失败，西方以空前的巨大物质力量在严重地解构传统的伦理—政治—宗教体系，给人们特别是士大夫知识人的思想、观念和情感上带来了空前的震撼和剧变。“传统宗教性道德”本身和统摄其下的社会性道德，完全不能适用和应对这个变局，“三纲六纪”“三从四德”等在日常生活中均开始动摇。敏感的梁启超便提出要分辨“私德”和“公德”。在他很快退缩回去的十几年后，却在陈独秀发出“伦理的觉悟是最后的觉悟”和五四运动“提倡新道德、反对旧道德”的高昂呐喊中，追求“公德”即个人自由、独立、平等、人权的思想、行动，便狂潮似的风靡一时，席卷当代，而直接与传统的礼教道德相冲突起来。当年清末立法论争中并非急进青年而是著名官僚、学者间的新旧两派关于“无夫奸”的激烈争辩，便是如此，其中极端的例子，是父亲杀死有男朋友（未婚）的女儿，因为女儿未守男女有别的传统道德竟私相交往，法庭判决竟是父无罪而男友处死。这似乎很符合礼教原则，但这在今天看来却是极度荒唐。这种“道德”观念，近百年前是真正的现实。我多次讲过，在三合一的礼教族权统治下，甚至1949年以前偏僻地区男女通奸便不论是非双方沉塘溺死的处置仍所在并多有，今天即使在山区农村也可看到高高耸立的清代“贞节牌坊”以表彰夫死不嫁抚子成名的老年妇女。

“现代社会性道德”与现代理性启蒙紧相联系，它在思想、观念和情感上用理性论证了原有传统的宗教性道德的残忍和伪善，揭露了旧道德对人的全面性的束缚、损害和凶残，所以“五四”启蒙时期，婚姻自主、女孩剪发、男女同校等竟也成了新旧道德尖锐矛盾的启蒙主题，新旧双方争斗激烈（参见拙文《启蒙与救亡的双重变奏》1986年版）。可见，提出和普及“现代社会性道德”的理性启蒙使西方从圣经—神学、中国从“四书五经”的礼教中解放出来。于是，什么是我？我不再只是父之子、子之父，妻之夫、夫之妻……个体有了“自我”的觉醒。从现实根源看，其社会基础仍然是劳动力的自由买卖冲破了传统的角色定位，“家和万事兴”不再是决定性的了，只留下了具有重要价值的情感意义和内涵。总之“齐家”与“治国”已无甚干系，角色伦理已失去社会基石，即使在不够充分具备这个经济基础的地区、国家，这种现代观念也会吸引人们特别是年轻一代而广泛传播。鲁迅曾提出“娜拉走后怎样”的问题，因当时妇女在社会中找到合适的职业和工作仍相当艰难。这个似已相当古老的启蒙故事，实在不必再说。之所以再说，正是因为这个故事并未在实践中讲完，无论是中国还是世界。传统宗教性道德至今仍以各种变化了的方式在顽强地反对、抗拒、阻挠现代社会性道德的实现。包括近年“塔利班”政权、“基地组织”“伊斯兰国”以歪曲《可兰经》的方式在作殊死斗争，由于社会公正远未解决，政教分离不能一蹴而就，“阿拉伯之春”的失败，便迅速蔓延起一股反动浪潮，造成了世界历史的可悲倒退。某些伊斯兰教分布地区不许儿童接受现代学校教育，只读《可兰经》，与十多年前一些中国学人倡导不上学校只读经书、我当时称之为“蒙启”活动何其相似乃尔！历史具有各种偶然性，有曲折，有倒退，倒退可以十几年、几十年甚至更长，但对人类总体来说却不过一瞬，或迟或早，人们会回到“经济发展→个人自由→社会公正→政治民主”的正轨上来。我仍愿重复多年前的话语，来说明区分两德的重要性。总之，与“传统宗教性道德”和某种宗教信仰紧相联系不同，“现代社会性道德”是由公共理性所规范所建构（本文中，“构建”与“建构”二词一义），而可以与宗教信仰等传统道德“脱钩”。

问：就是说，“两德论”与 Rawls 不同，是认为“现代社会性道德”有其经济基础的根源和不可阻挡性。那么，第二点差别呢？

答：第二点不同在于，Rawls 在脱钩后，避而未谈“传统宗教性道德”与“现代社会性道德”的关系，似乎要将政治与道德完全割开，以至有人讥之为无道德的政治。其实，我认为 Rawls 讲的那些公共理性等规范就正是今日的现代社会性道德，问题在于这种新道德与传统道德二者之间有何或应有何种关系。Rawls 没谈，而我的“两德论”则恰恰非常重视，认为二者可以“脱钩”即区分，但不能完全脱离，并提出传统道德对现代社会性道德的某些部分（主要是情感部分）可以起某种“范导”（regulative principle）和“适当构建”（properly constitutive principle）的作用。其中如象征性的，美国总统就职宣誓时以手按圣经的仪式，英国、瑞典等国人民对保留至今的皇室仍有仰慕爱戴的情感；但也有负面而且实质性的，如前述美国激烈的反堕胎运动，等等，情感、信仰在这里的作用都非常之重要。它们与理性认知及其规范的“公德”有时有巨大差异而直至激烈冲突。

所以，最重要的是“适当构建”中的“适当”，这很难掌握，而必须根据各种具体“情境”，作出“度”的把握，其中特别是不能全面或过分构建，让情感替代了公共理性。上述十年“读经运动”的彻底失败，便是如此，它说明想以传统宗教性的礼教教育来替代或全面构建现代社会性道德之路，如某些学人所设想，是行不通的。这种“适当构建”需要长期的经验积累，因此现在只能做一种比较抽象的、原则性的提示。具体言之，例如今日必须是“以法治国”（rule of law），不能再是以首领的道德或世人的道德来治国，不能再是“其身正，不令而行；其身不正，虽令不从”的“以人治国”，但是己身的正不正，又可以起到某种范导作用，具有教育下级、感染同僚，使百姓敬佩、人们亲近。又如，尽管外在传统的“角色”伦理关系已难保存，“天下无不是的父母”“父母在不远游”等角色具体规范已不可能再有，但亿万人次的春节返乡却依然可存。本来，人生下来就成长在一定的人际关系中，从来没有什么“原子个人”的自我，如前所述，我也从来不认同所谓“天赋人权”“人生而平等”以及“无知之幕”等理论，因为它们都是非历史的。但我又一直认为这些并不正确的理论在历史上起了构建现代社会性道德和现代政治经济体制的伟大进步作用。今天它们虽然产生了许多重大失误而应加以修正或纠偏，但修正或纠偏的方向不应是仍以个人为本位的社群主义，而应是重情感的角色关系的传统儒学之路。所以，我先后提出了“和谐高于公正”“新一轮儒法互用”“历史与伦理二律背反中的度”以及将汉代以来的“原心论罪”“屈法伸情”“重视行权”“必也无讼”等作历史经验的参考。甚至主张承续“将功折罪”“戴罪立功”等传统经验使极有才能的官员犯罪判刑后仍能感恩戴德地继续工作和服务，不简单地就是“法律面前一律平等”，“公正”地一刀切。当然，这也属于较特殊的情况，仍然需要有特定、明确的法规来遵守执行。但它是传统道德对现代道德的范导和“适当”构建。这也就是我所主张的以“情本体”（情理结构）对“公共理性”的“外王”（体现现代社会性道德）作“范导和适当构建”之路。从而，儒学道德远不止于个体的“践仁尽性”“知天成圣”的“内圣”宗教之学，明矣。港台新儒家将儒学概括为“心性之学”，仅张扬其宗教导向，其误也明矣。

问：你认为“现代社会性道德”以劳动力自由买卖为特征的现代工业经济为基础，这是否经济决定论？

答：可是从一开始，我便说过，经济决定论只是从人类长期历史来看的观点，绝不是某种具体规律或“必然”，好些文化、文明的消失或毁灭并非经济衰退所致，如被外来武力征服，如宗教崇拜过甚，有学者便认为中国良渚文化、拉美玛雅文化是由过度宗教崇拜而导致经济衰颓、种族灭绝、文化消失。20 世纪六七十年代的经济落后停滞甚至倒退，是政治统帅的结果，当年数千万人的死亡也不是水旱灾难所致……所有这些都没有什么“经济决定”，而是宗教、政治、武力（军事）决定了社会的状态和走向。正如我多次所讲，经济只是前提，并非决定，不能直接决定其他一切，但可以也必然迟早会影响其他。无论就来源或现实说，法治、民主特别是自由、平等等观念、意识并不一定要社会生产力、生产关系变化而来，后者也不一定带来前者，前者如英国，后者如沙特阿拉伯，所以不是经济决定论。但法治、民主、人权、自由、平等等体制、结构和思想意识，之所以能在现代有全球性的展开，则与以劳动力自由买卖为标志的商品—市场经济发达到一定程度为其前提，不然就会出现鲁迅所说的“娜拉走后怎样”的巨大社会问题，传统的观念意识和体制结构便会作出严重反弹，“阿拉伯之春”中的好些国家便如此。

问：也有人认为，你这“两德论”，是否仍然是经济基础决定上层建筑的马克思理论？

答：我20世纪50年代就怀疑这一理论，当年文章中虽不敢讲也不否定，但曾经提出“上层建筑相对独立性的强度”这一迄今未被人注意的观点，它认为所谓“上层建筑”有其“相对”独立性，而且在具体时日和不同情况下有“强度”的不同，并认为在前资本主义社会“强度”大，皇帝一个想法或命令如开战，就会在根本上影响和改变整个社会生态，资本社会的经济倒具有更强的制约能力，例如美国总统四年一度的选举，很重要的因素便是看经济情况如何，如此等等。由于我强调历史有积累性，某些传统并不因经济基础的改变而改变，不仅可以而且需要保存和承续，所以，所谓“经济基础”和“上层建筑”这两个概念的不适用不符合经验就更明显。我后来不赞同也再不使用这两个概念了。

问：与此相联系的就是你这“现代社会性道德”与自由主义、与启蒙理性的关系问题了。

答：我从不否认它与自由主义、与启蒙理性密切相连，一直认为自由、平等、人权、自我以及科学、进步等这些启蒙理性和自由主义的基本观念在当代的普适性。我这里愿提供一些2018年美国华人超市所赠发的月份牌，因为其中保留了过去“黄历”（亦即“皇历”）即传统日历中每天“宜”“忌”作什么的具体规定（见下图），中国现在当然没有任何人会遵守了，但好些人至今也喜欢说哪天是“黄道吉日”可举办婚礼喜事等等，这日历表明，在传统社会中，几乎所有人所有行为、活动都应遵循的时日规范，这是“皇历”的重要内容。今日看来如此荒谬的规定，在百年前仍被视为不可更易，均应该执行的伦理道德。启蒙就是“启”的这个“蒙”——蒙昧、愚蠢、平庸之恶。

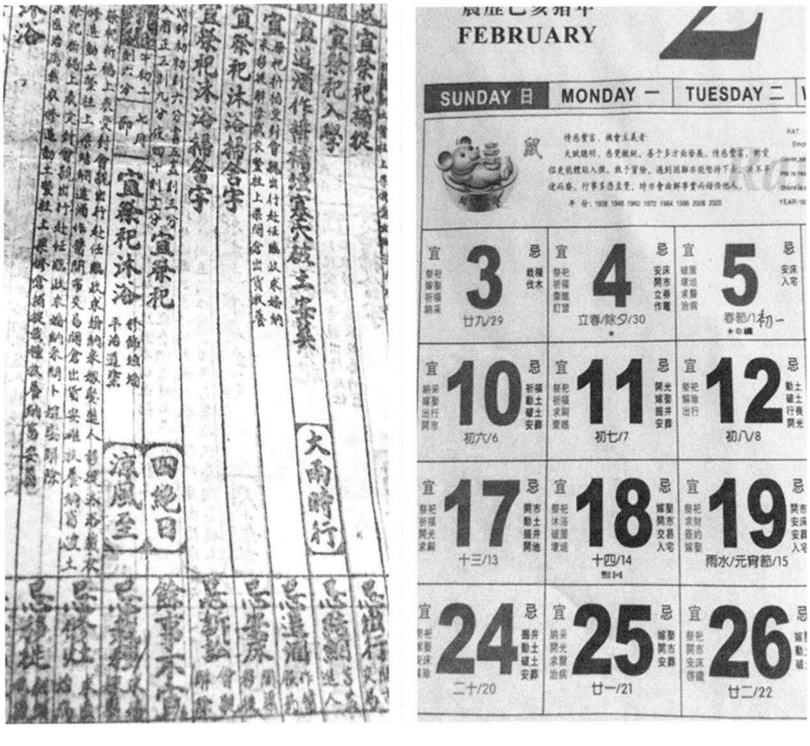

1950 年国内黄历（左图）和 2018 年美国华人超市所赠日历（右图）

问： 反启蒙、反理性是后现代主义的基础主调，你从 20 世纪 80 年代也一直表示反所谓“后现代”，与大多数当时年轻学人很不一致，你还写过救亡压倒启蒙的文章，是否在此再谈谈。

答： 问题太大，非本书所能和所应谈。所谓“启蒙”，是一个极为复杂的问题，历史上不同国家的启蒙也多种多样，其中的差异、矛盾、冲突和各种不同面相，异常明显。我仍分其为苏格兰的改良路线如 Adam Smith、Hume 等与法国 Rousseau 的激进路线，赞前而贬后。当然各种启蒙也都带有自身的许多弱点和缺陷。所有这些都给自 Nietzsche 始的后现代主义反启蒙者带来了攻击、污蔑和摧毁启蒙的借口，许多中国学人东施效颦，邯郸学步，跟着这股时髦潮流喊叫，却非常现实地损害着中国现代化和现代性的进程。以致反启蒙成了学术主题，反理性成了主调，后现代与前现代便合流一致，有如我二十多年前所言（见 1995 年在中山大学的座谈会），真不幸而言中。

问：那“自由主义”呢？

答：启蒙与以个人为本位的自由主义的关系密切，所谓“自由主义”也是多种多样，花色极多，有关书籍汗牛充栋。这里只简单重复的是，我一直认为，从来没有与群体毫无关系的“原子个人”，没有所谓“无负荷的自我”，所谓“天赋人权”与“王权神授”便同属荒谬，它们都只是一定历史时期的合理产物，只适用于一定的历史时期，启蒙理性，张扬个性，崇尚自我，反对盲从、迷信，也是历史产物，但在当时以至今日都有非常积极的效用，它使科学、人本（以个体的人为本）、进步（包括物质生活和精神生活）大踏步地发展，造成空前的伟大功勋，不仅需要继承，而且应予发扬。启蒙理性和自由主义本身的缺陷、弱点以及留下来和种下的后世灾难，属于次要地位，但也应予重视和努力解决。在这基本观点上，我非常赞同并多次提过 Steven Pinker，我完全不同意他的语言本能的看法，但在痛斥后现代反启蒙这个问题上，我与他的许多论点包括对 Nietzsche 等人的责难贬斥，却非常一致。我所持仍一种历史主义的立场、观点和方法，而我之提出情本体（情理结构）和中国现代性（现代性≠现代化）也正是为此而发。我是一直反对许多后现代主义的观点，如否认精神、道德领域中的进步，反对科学，责斥理性，否定人本，等等，也如此。自由主义曾多次被宣告死亡，但至今并未被消灭，相反，想取缔它们而以“传统宗教性道德”，如当今所大鼓吹的传统儒学来作为“现代社会性道德”和政治体制，却无疑将被否定，多少年后，时间会作出证实。

问：由于以启蒙理性个人主义为基础的功利主义、自由主义（以 Kant 义务论为主要代表）多年统治引起的缺失，兴起了呼喊回归 Aristotle 的美德伦理学（《尼各马可伦理学》）的巨大思潮，使伦理学理论领域成为功利论、义务论与美德论的鼎足三分。中国学者竟起而效尤，对美德伦理讨论得相当热闹，其中主要是以儒家传统的伦理来排斥、批驳和反对自由主义，在根本观点上反对两德区分，与你恰好相反。

答：对。他（她）们认为我提出“现代社会性道德”脱离了两德合一的传统儒学，是以“公德”破坏了从修身（传统私德）到治国平天下（传统公德），导致当今各种道德败坏。

问：你如何回答这种批驳和责难？

答：第一是方法问题。这些儒学者大多是抽象立论，例如他（她）们大讲由“私”到“公”（“迩之事父，远之事君”）的“孝”的美德。却避而不谈“孝”的具体内容。所以我一再提出，传统儒学的“孝”是有许多具体内容的，如“不孝有三，无后为大”“天下无不是的父母”“父母在不远游”等等，今天还能作为“美德”不应违背吗？例如，他（她）们大讲“妇道”如何重要，那“三从四德”“烈女不嫁二夫，笑莫露齿，语不高声”等等，还能是今天的“美德”吗？却一直没人回答。

第二，有些学者认为政治公德毁坏了传统的个人私德。的确，在革命和革命后的许多年代，政治标准第一取消、批判和舍弃许多传统伦常道德，极大地伤害了中国人的心灵和生活，但是，这种所谓政治公德恰恰是以“灵魂深处爆发革命”“斗私批修”的个人修养为出发点，要求个体情感信仰具备一种宗教性的神圣性的“大公”精神来实现治国平天下，实际上正是一种政治宗教，也是传统道德的政治延续，即所谓“有治人无治法”“闻修身未闻为国也”，首要的仍是个体的“修身”，“自天子以至庶人，一是以修身为本”不正是现在这些学者们所要求的以“私德”统率“公德”么?

问：还有，中国传统儒学的美德伦理与 Aristotle 的美德伦理并不相同。

答：对。还有一些学者指出了，我也再三讲过，Aristotle 的美德建立在平等的个体基础上，兄弟亦朋友，家国颇有区分。中国是家国相联，朋友居五伦之末，兄弟高于朋友，并不完全平等讲的是兄友（宽容、护卫）弟恭（尊敬、跟随），想以这种美德来取代市场经济、契约原则、个人本位为基础的现代社会性道德是不可能的。我说过现在已不是“家和万事兴”的时代了，完全脱离具体社会性、时代来谈道德，如本书“观念”一节所强调是行不通的。至于由今日欧美以市场经济为基础的“现代社会性道德”所带来的种种恶果，我以在《回应桑德尔及其他》等著作中作了分析和解答，我提出以传统宗教性道德（在中国即儒学伦理）来“范导和适当建构”，走出一条中国现代性之路，便是对此而言，也正是两德论的重要主题。

可说的话甚多，暂时到此为止吧。

四　过犹不及

问：也就是说，因为文化、传统、宗教、社会发展程度，特别是“传统宗教性道德”在人们心理所占地位、程度不同，两种道德的关系，其范导和适当构建又会有不同?

答：对，过犹不及。全球老百姓都要求生存、生活、生命的改善，经济生活的进步无可阻挡，资本主义带来了前所未有的人类生活的进步，尽管也带来了许多灾难祸害，包括核泄漏、地球升温、环境污染、自然破坏以及大规模地屠杀、吸毒等等，但毕竟就整体来说，仍然是利大于弊，除极少数地区和国家外，人们的寿命有极大延长，家家有电器、洗衣机，夏有空调，冬有暖气，比传统社会的生活生存状态大有进步。中国不就如此？但当今学人都故意轻视漠视这些，只大讲传统社会如何之好。

问：这正是在以个体为单位的现代政治、法律保护下取得的。

答：对，但也不尽然，经济生活的进步和改善，并不能直接促进或改变原有的道德观念，沙特阿拉伯富得流油，却仍然是王位继承君主统治，也仍然是严厉打压女权，观念十分落后。所谓“上层建筑”并不会由于生产力或生产关系的经济基础的改变而自动改变、消亡，相反，传统观念、习俗、体制等势力不可轻视和低估，所以也不可能把传统一概称作“私德”，在那里，它还是占据统治地位的“公德”，只是这“公德”是在“传统宗教性道德”管辖下的社会性道德罢了，即仍然是传统的两德不分，传统的道德观念在人们心中仍然占居极重要的甚至统治的地位。例如，如前所多次提到，即使人在巴黎，某些女士们也仍然要自觉自愿地不露面孔。现代社会性道德在未全面落实和体现在制度、法律上，就没有完全实现。因之有意思的是，在这种情况下，为实现现代社会性道德而终身奋斗，便可以成为个体本身安身立命、终极关怀的“宗教性”道德。在那里，传统性宗教是“公德”，而现代社会性道德成了一部分人寻觅和追随的“私德”了。实际上，当前世界各处正进行着一场倒退与反倒退、启蒙与反启蒙的各种较量。在中国，20 世纪 90 年代开始的反启蒙，来自硬搬进来的西方后现代主义思潮，今日则主要是本土旧沉渣的重新泛起。看来启蒙落实在制度、规范、法律上，还有相当长的路要走，因之这些“各种较量”也就会更为复杂、艰难、曲折和长久。

问：所以有“阿拉伯之春”的掀起。

答：也如前所提及，“阿拉伯之春”我认为是失败了，把发达国家的“现代社会性道德”及其民主政治、法律观念强加于“传统宗教性道德”仍然占据统治地位的国家肯定失败。这也就是现代社会性道德之“过”。伊朗 Khomeini 革命正是我为何要将“社会公正”放在“政治民主”之前的“四顺序”（经济发展→个人自由→社会公正→政治民主）的和提出两德说的起因。

问：你将此作为“教训”。

答：它使社会停滞、倒退几十年，许多革命也如此。法国大革命、十月革命的高调理想带来的是混乱和倒退。所以我一直主张改良、渐进。认为现在要的是自由，而非平等（实际是平均）。历史不断证明，追求平等的各种暴力革命所造成的灾祸不小。这离题已远，不多讲了。

问：传统的确强大，难以动摇。

答：又不尽然。但需要争取、斗争，如我所述，改良并不排除斗争，只是非大规模的流血暴力活动。如美国反“反堕胎”的运动，争取平等对待黑人的运动，争取同性恋合法的运动等等，它们有时也号称“革命”实际乃是改良。由于不断斗争，取得了巨大成就。虽然也还有遥远的路要走。

问：难道“过”除了向外，还有向内的么？

答：“过”除了向政教合一或两德尚未有分离条件（这条件不仅指经济基础，而且也包括文化传统坚韧性的强弱等等）的地区、国家输出以所谓“普世价值”名义特别是政治民主等“现代社会性道德”观念，反而会引起动乱、战争之外，的确还有“内”的方面。

问：这方面指什么？

答：我一直认为，现代人文学院内反理性、反启蒙、反自由主义的巨大思潮，其实正是现代自由主义的弑父情结的亲生子，导致对非理性的崇拜和追随，所谓“后现代”只不过是现代主义的直线演绎的“极端现代”（见拙作《美学四讲》1989年版）。在社会现实状态中，自由、平等、人权、独立的现代社会性道德也催生出各种激进主义和无限制的相对主义等等。以美国为例，各种异常激进的女权主义者，激进的同性恋和激进的反同性恋者，各种种族、宗教的原教旨主义者，“反拥枪”和“主拥枪”者，“自由”地结成各种不同的“独立”的群体组织，“平等”地互相对骂，加上各种政治党派、经济利益集团和各种不同媒体的介入和兴风作浪，使现代社会性道德逐渐陷入崩毁离析，争斗不休，尖锐分裂，以致严重影响和破坏了社会稳定、人心安宁、秩序维护、人际和谐，也是“过”的一面。

问：中国又如何？

答：中国当然不存在“过”的问题，自晚清、民国特别自20世纪90年代以来，在经济、文化、思想意义上已作了不少积累。有名言道，妇女解放水平（如平等权利）是衡量人类解放水平的标志，所以我在伦理学总要提及女权。就中国说，“妇女能顶半边天”在1949年以后确已在中国的思想意识和现实状况上达到相当高的水平。当然，现在学术界出现了以维护发扬传统为旗号的全面复古思潮，呼应着反启蒙反理性反进步反个体价值的西方后现代思潮，要以前现代的传统伦理道德作为今日社会生活、政教体制的规范、准则和法则，大讲“弟子规”之类的陈规陋习，甚至“倡三纲”“行跪拜”“讲迷信”“灭自我”……实际上是前现代的沉渣泛起，所以我一直提倡重读鲁迅，这些就都属于“不及”。但在现实日常生活中，随着劳动力自由买卖、商品经济、契约原则和市场化的扩展，中国社会并没有在这些学者和“学说”面前低头或让步，而是仍然向前迈进，现代社会性道德在社会各阶层中日益扎根，维权意识日益普及，从城市到农村，从普通干部到打工仔，特别是在青年一代中，尽管曲折艰难，有各种严重的干扰和打压，却阻挡不住这股改良、渐进、自我解放和觉醒的历史洪流。“现代社会性道德”迟早将在中国全面贯彻和实现。当代学人似乎喜欢论证Hegel所说“现实的都是合理的”，却漠视Engels在批评这句话所说，Hegel还说过，“合理的”会一定成为现实的。

问：似乎太乐观了吧？

答：当然一切都不会坐等而至。所以我才不断强调儿童教育，强调上“公民课”比读《三字经》重要，正如比读《可兰经》《圣经》重要一样。公民课是灌输现代社会所必须遵循的个体道德的行为规范，树立起相应的观念与情感，培养孩子从小便讲理性、守秩序、护公物、明权界、别公私，以及自由、平等、独立、人权等观念。然后再加上

《三字经》等传统典籍宣讲的孝亲敬师、长幼有序、勤奋好学、尊老扶幼、阅读历史、重视经验等即以“传统宗教性道德”实乃儒学道德来范导和适当构建“现代社会性道德”，使二者交融汇合，情理和谐。并指出如果不以现代生活为基础和依据，不通过现代法治和现代社会性道德，而想以某种宗教性道德来全面整顿人心、安邦定国、惩治腐败，甚至构建政治，认为这是中国模式，那就无论学雷锋还是学孔子，无论提倡共产主义道德还是提倡儒家道德，我看都不能解决问题。

五　权利与善谁优先

问：《历史本体论》（2001）曾提出“善恶与对错分家”，明确对错与善恶有别便是对两德论来说的吧？

答：对。总之，不能用儒家的性善论或基督教的性恶论来构建现代法律、政治和道德。“作为现代社会性道德体现的法律精神和观念信仰，不应涉及人性善恶、人生意义、终极价值之类的宗教性课题。现代社会性道德不应以任何教义、主义为依据，而只是宣告保证每个个体有在不违反公共基本生活规范下去选择、追求信仰任何一种价值、意义、主义、教义的自由，亦即个体在现代社会生活中的基本权利。”（《历史本体论》）其特征也就是“权利（对错）优先于善（善恶）”。

问：但当前时髦的潮流是反对权利优先于善而主张善优先于权利，如社群主义和 Leo Strauss 等人的理论。

答：社群主义其实如前所说，是现代社会性道德所生发出来的“过”，它们与自由主义一样，都仍然是提倡以个人为单位的“美德”，例如回归 Aristotle 我已在《回应桑德尔及其他》等论著中明确指出，即使 Aristotle 讲过人是政治（城邦）动物，个体并不脱离群体，但它还是建筑在希腊自由民的个体之上的，与中国由家及国、家国相连迥然不同，强调的是家国不同，公私分明。这种 Aristotle 的美德伦理，仍然是以平等的个人为基础的“美德”，兄弟亦朋友，恰恰与中国传统美德，即有角色定位大不相同。如中国传统中，好朋友才称兄弟，以前还要以仪式来正式“结拜”为兄弟，而且是“长幼有序”“兄友弟恭”，兄弟也并不平等，而有观念和情感上从而相互关系的行为上的差异，等等。也正因为“善恶”的传统价值观念对人们现代行为的“对错”准则仍大有关联和影响，“现代社会性道德以理性的、有条件的、相互报偿的个人权利为基础，传统的宗教性道德则经常以情感的、无条件的、非互相报偿的责任义务为特征。人不是机器，在现实中即使循理而行，按社会性道德的公共理性规范而生存而生活，但毕竟有各种情感渗透、影响于其中，人际关系不可能纯理性，而总具有情感方面。两种道德的纠缠渗透，于群体于个人都是非常自然甚至必然的事情”（《历史本体论》）。以中国情本体的道德传统的善恶观念来范导而非构建现代社会性道德，从而仍然承认权利（the right，对错）优先于善（the good）。

问：当代社群主义和美德伦理学都以追求“好生活”（good life）即“善”（the good）来取代各为自己的现代“权利”（the right），并从而反对或否定启蒙思潮。中国现在学人们大肆鼓吹的传统道德就如此。那有什么不对？

答：各种宗教、文化对“善”“好生活”“幸福”（happiness）有各种不同的理论、学说和思想，而且每个个体对“好生活”“善”“幸福”的认识和体验也各有不同选择、差异，甚至对立、冲突，特别涉及精神方面。这里很难有共同一致或“重叠共识”的“好生活”或“善”，而只有各自不同的宗教、文化的传统标准，因之，强调“善优先”反而会引起不同群体、不同宗教、不同文化、不同国家的矛盾和冲突。而“现代社会性道德”却以近现代经济物质生活为根基，即以保证人的物质性生存延续即“吃饭哲学”（食衣住行性健寿娱）的基本满足和不断改进，以“世俗性”的“幸福”为目标。这方面是可以有共同的标准、尺度和重叠共识的。正如今天世界上的人们大都弃油灯而用电灯，舍马车而坐汽车一样。这是人类生存生活即“人活着”非常基本的方面，现代社会正是通过强调“人是目的”和人的权利而不断实现和扩大这一“人活着”即生存生活的“幸福”的。“现代社会性道德”正是为了从个人内在心理树立起这一“公共理性”的公德规范，来帮助实现现代化的外在伦理、政治、制度、秩序的构建。这制度和秩序甩开精神上的信仰（价值中立）而使权利优先。只有肯定这一经济发展的同一趋向的基础，才能脱开对这种“权利优先”的“公共理性”“现代社会性道德”种种宗教、文化、道德的质疑和反对。所以，我一再说明现代社会性道德并不以“原子个人”“社会契约”等自由主义理念为真实根基，而是以现代人的生存、生活（“人活着”的现代经济—生活存在）为根基。而这种“公共理性”，当作为理性凝聚和心理形式的具体内容，成为人的自觉意识和自由意志时，它本身即是道德，即“现代社会性道德”（公德）。

问：所以善优先还是权利优先实质上是两德关系问题？

答：权利优先还是善优先？也就是做公民优先还是做基督徒（或穆斯林、印度教徒、佛教徒、儒生）优先？也就是生活优先还是灵魂优先？有人选择灵魂优先、做宗教徒优先，追求拯救心灵、超越世俗而舍弃世间一切幸福，作为个人和某些群体的自由选择，只要不严重干扰或危害社会或社会性公德，没有什么不可以。如美国 Amish 拒绝现代文明，不用任何电器和汽车；某些宗教或政治团体反对自由平等，实行严格的等级、独裁制度，并没人去反对干涉。但不能使之成为社会的统治秩序和造成世界的“文明冲突”。爱子女还是爱父母或爱上帝优先，哪一些私德能“范导和适当构建”，都不是“现代社会性道德”所能决定的，而会因各种文化传统、宗教传统的不同而有差异。权利优先的公共理性所应保障的只是精神领域内的价值多元和自由选择的开放性，亦即我多年所说物质一元和精神多元。即使各种宗教性道德和不同的文明对社会性道德有所影响、范导和构建，但“现代社会性道德”由于有物质生活基础的公共理性作为准则，便可以求同存异，和而不同，并行不悖，以实现国内安宁和世界和平。Kant的永久和平论便是建立在诸共和国家基础之上，而不是建立在有某种宗教性道德或某种政治意识形态的大帝国基础之上。

问：你主张什么优先？

答：上面已表达得很明白了。在现代社会，我主张由现代经济生活所决定的权利优先，也就是现代社会性道德优先。正因为此，我主张政教分离，反对由各种宗教和传统文化来构建现代政治和现代伦理道德。但同时清醒意识到，各种宗教和文化传统仍将以各种方式作用于社会性道德，这不可避免而且可以予以适当认同。权利优先，贯彻着“人是目的”。善优先，则活生生有血有肉的人可以不是目的，灵魂、上帝、集体、革命才是目的。权利（对错）优先于善，因之，“9·11”恐怖分子就应当遭到谴责，他们是彻底“错了”，因为滥杀无辜，践踏人权，是“反人类罪”，上面已多次说过了。

六　和谐高于公正

问：但你又提倡“和谐高于公正”，它与“权利优先于善”不矛盾吗？

答：前者只是范导和适当构建，后者是全面构建，两者可能发生矛盾，如前述的两德可能发生冲突，但也可能相辅相成，关键就在掌握这个“适当”，这个“适当”也就是“度”。我的哲学认识论的第一范畴就是“度”。“度”也并不是中间、平衡、不偏不倚，它是一种变化的动态的把握，矫枉必须过正，但又不是处处矫枉必过正，这仍然由各种具体时空条件和情况才能确定。前面讲了不少“过犹不及”便是例证。“度”是实现在实践活动中，但当然有其思考、认识上的准备，所谓“审时度势”，就是如此，要思考、忖度各种情景、状况、尺度。所以才成为认识论的第一范畴。

问：在这个问题上中国如何？

答：中国问题，学者谈论甚多，我不必插嘴了。中国传统的礼教和其他宗教不同，适应“现代社会性道德”容易得多。坚持法治，辅以人情，以“现代社会性道德”为基础，中国礼教的德治、人治，可以是“情本体”传统的辅助力量，这个相辅相成的历史过程需要时间和积累大量的具体经验，但应该问题不大，也绝不会一帆风顺，仍然要经过长期的艰难的努力和斗争。

问：你讲的孟子的大丈夫的“自由意志”是否也可以辅助？

答：上面一节已讲，要承继大丈夫这种“自由意志”去开拓世界，但注意千万不要把这种“自由意志”的个体精神与现实物质上的个体利益混同起来。传统的“自由意志”是服务于“君”“国”“民”的。现代自由首先是服务和保护自己的生命财产等物质利益的，经济上的自由主义是政治、法律上的自由主义的前提，更是“人是目的”的观念意识上的自由主义的基础。它属于政治哲学范围，道德“自由意志”是道德心理学，两者不要混同。

问：那两者之间就没有积极方面的联系吗？

答：一开头不就说过吗。“现代社会性道德”基本上是一种理性建构，市场经济、法治规约、契约原则、保护私有财产等等，它们作为现代法律、政治的核心，再转而成为人们自觉执行的自由、平等的道德律令，还是谭嗣同说得透，“君臣朋友也”“父子朋友也”“兄弟朋友也”“夫妇朋友也”，双方独立、平等、自由，这与中国“君不君，臣不可以不臣”，甚至“君要臣死，臣不得不死；父要子亡，子不得不亡”的绝对服从和人身依附等传统观念是大相径庭的。但在情感上，谭嗣同五伦皆朋友，又说不通，情感上允许和提倡非朋友的不平等，在伦理体制上则不能，这正是两德的差异。在破坏现有自由、平等的伦理体制时，挺身而出，仗义而为，不就是继承大丈夫的“自由意志”吗？那意志是具有情感和观念的。

问：所以，传统主要在“人情”上，在“情本体”上范导和适当构建？

答： 对。如前所说，今天尽管基本上已是夫妻子女的小家庭，但“常回家去看看”以及三代同堂、祖孙同乐，也仍然是今天的部分现实。经济分离独立，但中国现有法律仍规定子女有适当的养老义务。至今子呼父名，中国人仍不习惯，便可见一斑：情感上接受不了。至于社会上员工对待老板说话，虽訚訚如也，但上级可以“炒鱿鱼”，下级也可以独立自主，拂袖而去。今天不已经开始如此么，这恐怕是退不回去了。

自希腊以来，西方法庭高悬“公正”（justice）的理性规约作为判决的最高标准；从而也成为现代社会性道德的最高准则。中国传统的“范导和适当构建”是在现代“公正”的基础上，加上情本体的和谐（harmony）。孔子说，“听讼，吾犹人也，必也使无讼乎”（《论语·颜渊》），诉讼当然以“公正”为准，但如果没有诉讼的人际关系不更好吗？所以非常重视“和谐”，并以之为最高目标。人际关系的和谐、身心关系的和谐、人与自然环境的和谐，以及“天人合一”的和谐，从而行为中重协商、调解、合作，以之渗入、指引即“范导”理性至上、原子个人、绝对竞争、价值中立；另一方面，应明确，所谓“和谐高于公正”，是就人类未来远景，是就中国对未来世界的贡献来说的，作为它的哲学基础的“情本体”是我在20世纪就提出的，但从当时至今，如上所说，我又坚决反对以“情本体”来取消、替代“现代社会性道德”。

问： 你这两德说的“范导和适当构建”应能普遍适用，中西方有甚么差别没有？

答： 有。我以为“孝—仁”与“博爱”，“大同理想”与“千年王国”，可能是中西宗教性道德对现代社会性道德“范导和适当构建”的主要差异。这也就是中国更讲究“由近及远”“己立立人”，一直到“仁民爱物”“民吾同胞，物吾与也”的“孝—仁”，不同于远近如一、一视同仁的“博爱”；追求世间生活及其细节（如中国人很爱看，西方人不屑一顾的《红楼梦》）中人际情理的和谐均衡，不同于在人人平等对个体的最后审判中使灵魂永生进入天堂。

问：这也就是你所强调的情——人情、亲情、爱情、友情、乡园情、家国情……本身具有价值。

答：“情”本身具有巨大价值，不仅不应为理性排斥，而且位居理性之上。心、性、理、道均为理性概念，只有“情”既有理性内涵，又是感性实在，且属价值源头，因为它正是人类生存延续和具体呈现。历史不只是事件、人物、数字，也是亿万人无数代的充满悲欢离合的生活本身，所以，我讲“情理结构”、讲“历史进入形上”。

问：你以“和谐”高于“公正”，在伦理—道德理论上区别中西，是你讲“情本体”的应有之意？

答：《圣经》和希腊哲学实质上都以“理”胜。在西方，logos 是逻辑、理性、语言，强调的是理性对感情的主宰和统治。中国传统虽也强调“理”，但认为“理”由“情”（人情）生，“理”是“情”的外在形式，这就是“称情而节文”的“礼”。孔、孟不说了，郭店竹简（属原典儒学）也一再说，“道始于情”，“礼生于情”，“苟以其情，虽过不恶”，等等。特别值得注意的是，即使同样讲情（或爱），也仍有不同。基督教讲的是理性主宰感情的情爱，人之所以爱人是因为人应当听从上帝的旨意而爱。从而这“爱”便是一种理性的命令和要求。中国讲的是理性融入感情，人之所以爱人（首先是爱父母子女）是由生物性自然情感提升而来，是一种理性化了的自然情感。所以说，前者是“道始于理”，后者是“道始于情”。尽管基督徒不赞成甚至反对 Kant 那种“无情才道德”的理性主义，强调上帝的爱、基督的爱（情感）才是道德的基础和动力，但这种爱却恰好是理性（通由上帝这一观念）来主宰和决定的。所以，在根本上人所以爱和所以能爱都不由于人自己，更与人的自然情欲无关，它是因为上帝命令人如此。此爱非来自世间，它来自实乃理性的“圣爱”，从而它远远高出于任何世间人际的关系、律令、规则，所以也才能无远弗届。这才是“真理、道路和生命”。从而，真正的爱完全不能起因于或归结为任何世间人际的某种原因，更不能是动物性的血缘亲情所生发。

如前所说，与此相反，儒家所倡导的伦常道德和人际感情却都与群居动物的自然本能有关：夫妻之于性爱，亲子、兄弟之有血缘，朋友之与群居动物社交本性。从而儒家的情爱，可说是由动物本能情欲即自然情感所提升（社会化）的理性情感。虽然最初阶段（无论是原始民族或儿童教育）都有理性的强制和主宰，但最终却是以理性融化在感性中为特色，与始终以理性（实际是知性特定观念）绝对主宰控制有所不同。中国文化传统对经由内心情理分裂、灵肉受虐、惨厉苦痛即由理性在残酷冲突中绝对主宰感性而取得净化升华，是比较陌生的。三十余年前我说，中国人崇拜的菩萨或肃穆庄严或慈眉善目，甚或威猛狰狞，但都不会是血淋淋的十字架或 Abraham 奉命杀子的恐惧、战栗的痛苦（参见拙作《中国思想史杂谈》1985 年版）。总之，上帝（基督教）是一种理性的信仰，“天、地、国、亲、师”是一种人情的信仰。这种不同也就是我所讲的两个世界（基督教、Plato）和一个世界（中国）、宗教传统（西）和巫史传统（中）的不同：后者是一个世界（人生）中对自然生物情感做理性化提升，所以讲身心合一、天人合一、物质生活精神生命的合一；前者是两个世界中上帝旨意的绝对性，所以讲原罪、讲拯救、讲灵魂对身体的绝对超越。在后者（巫史传统），理性只是工具，世俗人情才是根本；在前者（宗教传统），理性就是上帝本身，世俗人情远为次要。当然，我讲“情本体”并非专指中国传统，它有人类普遍性。但如上述什么样的情仍有区别，所以才提出上述“始于理”与“始于情”。

问：为什么有此不同？

答：这就涉及历史了。这种差别，我以为有社会历史的基础背景。中国文化传统成熟巩固在新石器漫长时期，它以定居农业和血缘氏族制度为基础。希伯来人和希腊人则游牧、航海、商业和奴隶制占了更大比例。

问：上章中谈善恶观念时，你说这是两种不同的形上“设定”，这个词易生误解，其实是不同环境、条件下的历史不同产物？

答：对。所谓“设定”并非某人或某群人的有意识的理性假设，而是指在不同环境条件下的自然形成，也就是已经讲过的“礼源于俗”，极端困苦艰难的背景下产生了严厉、苛刻具有绝对主宰的唯一人格神，如犹太教（基督教和伊斯兰教是它的后续）；相对和谐稳定、异常久远漫长的农耕的环境产生可以“怨天”“咒天”“制天命”，“天”并无绝对主宰，自然界山水花鸟倒可以“四时佳兴与人同”，产生“有情宇宙观”的儒学。这也就是以和平的“人文教化”的儒学而非罗马帝国以强大武力一统和维系庞大的“天下”帝国。这点钱穆也讲过。

问：所以氏族成员温情脉脉的关系感情（中）与奴隶只是会说话工具的社会理性（西）迥然不同了。

答：记得我以前说过，像罗马斗兽场“率兽以食人”的表演观赏便将为儒家所排斥。在中国，“义”作为道德义务、责任（duty，obligation），虽与公正、正义（justice）相连，但它不是理性的绝对命令，而是综合、平衡和剪裁了各种人情所得到的最终结果。“义”当然以“公正”为主，但仍有“情”的渗入，如中国人的报恩的观念，情感便更为浓厚，正如梁漱溟所说“其情愈厚，其义愈重”，与二千多年前郭店竹简说的“始者近情，终者近义”竟完全一致。所以中国人总爱说“理无可恕，情有可原”“合情合理”“通情达理”等等。在这里，不但（人）“情”冲淡、缓和了“公正”（理），而且“情”的和谐常常也高于“理”。所以才说“和为贵”，而并不去追求一个是非、公正的绝对标准。这也是实用理性不同于先验理性的地方。

问：实际上乃是上章所说两种不同的善恶设定，不同的形上观点或理论。

答：对。“有情的宇宙观”是人类学历史本体所承续的中国形上理论，希腊的 Cosmos 是理性的秩序，中国古代的 Cosmos 是具有情感的宇宙，西方追求的是自然之上或高于自然的基础，中国追求的是在自然本身的社会人文的基础，所以说“天地之大德曰生”，即赋予宇宙自然的天地本身以人的情感。德与生、价值与事实便从而同源于人类的生存延续，是人与宇宙自然的协同共在，这是一个世界的巫史传统，而非两个世界的“超验”与“世俗”。中国的“天”不只是 heaven，而且也是 sky，王国维说“天”是“苍苍之物质具有天帝之精神者也”。这里不是灵肉两分，而是身心合一。宋明儒学在思辨上已触及这个问题，也许是西方乐土的佛学影响而未能解决吧?！我认为最近河南“河洛古国”七斗星的考古发现可以说明我所强调的天人相通而合一的巫术礼仪的巫史传统。所以宋明理学追求超验的“天”是不能成功的。

问：你讲了许多情本体，却仍然在伦理学上是“理主宰情”。

答：这也就是“新一轮儒法互用”，转换性地创造传统的现代荀学，是“孔—荀—董—朱”在新基础上（亦即现代社会生活和现代社会性道德的基础上）的承续、扬弃和发展，“情本体”是情理结构的文化心理的形成和发展，情有生物基础，理乃工具促成，人性乃两者的交相构造。没有情，人等于机器；没有理，人等于动物。这似太平常却非常简明的说法，不必扔弃，并且，让一切高妙的理论回到这个“平凡的真理”中来吧。总之，现代性不等于现代化，但现代性必须建立在现代化之上。寻求中国现代性之路，其中要害之一便是如何能以“传统宗教性道德”范导和适当（而非决定）建构“现代社会性道德”。

问：“权利优先于善”显然是“现代社会性道德”，“和谐高于公正”便是“传统宗教性道德”，这样理解对否?

答：对。这也就是我以“情本体”所寻求的中国现代性的特征之一。它是中国的，对世界特别是未来世界具有普适性。在今日现实生活中，如我以前所再三点明，众多民事纠纷以及刑事诉讼中，重调解、协商，不伤感情，讲将功折罪、戴罪立功等等，而不用法庭的“公正”一刀切，也就是指这种“范导和适当构建”，但它们又必须是建立在“公正”这个基础上，而不是以“人情”了断一切。凡此种种，繁多博杂，就不是这个“述要”所能多说的了。以此作结，如何？

结　语

问：该结束了，能否再概括一下？

答：简单说来即是：承继中国传统，在人类学历史本体论哲学视角下，从“人之所以为人”出发，突出三个要点，即标题所展示的。

问：还想说点什么？

答：那就说几句“述要”这个小册子本身吧。

问：说说它的来由。

答：也没什么来由，就是近些年来我陆续发表了一些有关伦理学的文章、自拟的答问、对谈，绝大部分都收入青岛出版社、人民文学出版社出版的《人类学历史本体论》一书“伦理学纲要”和北京三联书店出版的《伦理学纲要续篇》，因系不同年月的写作和论议，繁复有余，重叠屡见，有点散漫无章，早想规整一下，今经马群林先生大力协作、不断鼓励，遂拆散旧著，摘要组接，剪贴裁拼，再加补益，新意无多，新貌或显，似略成统系，乃谬称新说，其详，仍请参阅拙作旧著并望指教是幸。总之，“新说述要”实旧作剪贴也，见笑了，仍乞谅之。

2018 年 11 月波斋

附　录

伦理学杂谈（2018）

（一）伦理学的基本架构

刘悦笛（简称“刘”）：您的伦理学，您自认为最重要之处在哪里？

李泽厚（简称“李”）：有三点：第一，从伦理到道德……

刘：对，您着力区分出伦理与道德。

李：我是从伦理到道德，牟宗三、杜维明他们则是从道德到伦理。

刘：哦？这等会再问。

李：第二，“两德论”。

刘：“现代社会性道德”与“传统宗教性道德”之分。

李：这个与现实相关，所以讲得较多。

刘：与现代社会形成“重叠共识”。那第三呢？

李：观念、意志和……

刘：和情感。

李：这是道德要素。

刘：道德要素三分说！

李：我的伦理学，比我的美学可能更简明清晰。

刘：看来您是更看重您的伦理学喽。

李：伦理学的现实性很强，对社会直接影响大。

刘：伦理学高于美学？

李：你这“高”是什么意思？不清楚。你说自己受分析哲学影响很深，我不这样看，我觉得你常常用的概念便不很清楚，不是高不高的问题，伦理学的著作之所以远超美学著作，是因为与人类现实关系太密切了。

刘：从学科看是如此，但广义的美学在中国很特殊，美学是未来的伦理学，我说的是价值论上，美学高于伦理学。

李：总之，伦理学与人类现实生存，关系更密切。

刘：吃饭哲学！

李：但我的伦理学主要是讲形式结构……

刘：对呀，我觉得是 Kant 化。

李：不对。

刘：那是什么？

李：Kant 加 Hegel。

刘：Kant 是“形式”伦理，Hegel 则是“内容”伦理。

李：两种道德论，现在越来越被人注意，就因此故。

刘：回到开头您说那句：从道德到伦理，从伦理到道德。

李：从道德到伦理，就是牟宗三、杜维明路线，就是由内而外嘛。

刘：明白了！从伦理到道德，乃是由外而内；从道德到伦理，则是由内而外，也就是心性化的路子。

（二）“情本体”其实仍是理性的

李：所以我讲，你要讲先验的恻隐之心，又要讲我这个，总想折中调和，那是不可能的。

刘：讲以情为本。

李：与讲情有关，也可无关，但二者不可能调和的。

刘：折中之路不可行。

李：所以，我很明确讲：我就反对孟子讲的不学而能，不虑而知。

刘：“人之所不学而能者，其良能也；所不虑而知者，其良知也”！

李：我在这篇文章，最近在《中国文化》发表的那篇文章，就讲……

刘：主要讲什么？

李：我明确指出，这已经偏离了孔子。

刘：颜渊更接近孔子，内圣而外王，绝不偏废，而非子思和孟子，这就是我最新提出的——回到颜子去！

李：颜渊材料不足，我不能讲。孔子就没有讲过性善性恶，孔子强调的是学。我说过基督教的第一个字是信，儒学第一个字是学。

刘：以学为首，也是后世编《论语》所为吧。

李：孔子自己讲不是生而知之者，连孔子都不是生而知之者，那谁还是生而知之者?！哈哈哈……虽然也说过有生而知之者，那只是一句空话。

刘：哈哈，对呀！

李：这不很清楚吗！

刘：清楚。您是讲从伦理到道德……

李：所以，从伦理到道德，就是重视历史，重视教育。

刘：怎么讲?

李：从个体来说，重视教育；从人类来说，重视历史！

刘：说得好！

李：什么是伦理呢，就是三要素中的观念嘛！

刘：嗯嗯。

李：人类观念随着历史的变化而变化。伦理规范正是如此。伦理规范构成了人们心理内容，它是理性的概念和判断等等，没错吧。

刘：没错。

李：所以，它不是以情感为本体的，它还是理性的。

刘：情本体，仍是理性的?

李：你以为从道德到伦理就贯彻了情本体，恻隐之心做起点就彻底贯彻了情本体，这恰恰错了。

刘：为什么呢？

李：你说，情是唯一的，那就错了！

刘：我是说，情理合一，贯彻到底！

李：但情理如何合一、如何贯彻？你并没讲。刘绪源讲了，所以我推重他。我讲，孟子的最大贡献，恰恰强调的是理性做主的自由意志。

刘：自由意志就是理性的。

李：自由意志是伦理学的核心。

刘：那不成意志伦理学了？

李：对。伦理学的核心就是自由意志，这是 Kant 最了不起的地方。它是道德行为的理性形式和行动力量。

刘：说 Kant 也对！

李：我举的例子不是很多嘛！我讲，"9·11"救火的时候，那些救火队员……

刘：往前冲！

李：不是由于爱去救！而是我的义务嘛！

刘：那是！

李：道德义务就是自由意志：我选择这个行业，我是已准备在需要时去牺牲的嘛。

刘：对！

李：不是由爱救人。那些恐怖分子，不是因为恨这两个楼里的人，而是为了"圣战"献身。

刘：这关乎宗教与文明冲突。

李：概念又不清楚。宗教也是一种文明，动物有宗教？这是两种道德观念冲突的突出表现，传统的错误宗教观念与现代社会性正确道德观念的严重冲突。

刘：关键在哪里？

李：Kant 把自由意志、实践理性，同经验划分开来，不是出自经验，是履行理性命令，非常了不起，但完全脱离经验，也不能具体实行，理性意志必须以理性观念为内容，我讲 Kant 加 Hegel，它也最好有强烈感情作助动，所以加上 Hume，正好三要素。

刘：Kant 反 Hume，趋于理性建构。

李：所以自由意志不是什么恻隐之心，不是什么同情，不是什么爱！

刘：嗯。

李：以为到处强调爱，就是情本体，情本体恰恰不是这个意思，情本体强调的是情理结构。

刘：讲情本，不讲爱？

李：我没说不讲爱，你又不遵守逻辑，我这篇文章把这又讲了一下……

刘：讲了什么？

李：有的时候，情感必须服从理智的支配。

刘：嗯。

李：这才是贯彻自由意志，这才是真正的情本体。

刘：明白了，情本体实乃理性主导的。

李：什么叫主导？不清楚。

刘：您的以理导情的情本体，这还不清楚？难道情理平衡，也是调和论？

李：什么叫平衡？更不清楚了，说主导还可以，但不能这样笼统概括。

（三）王阳明强调“自由意志”

李：我强调自由意志的出现，有时会有强烈的经验情感作重要助力。虽然这种情感并非道德情感，而是一般的爱憎情感、恻隐之心等等。我重视这个助力，这与 Kant 不同。

刘：您还是以 Kant 为主，以 Hume 为辅，或以 Hume 的情感助力来补充 Kant 的理性主导，再将 Hegel 的内容注入到 Kant 的形式之内。

李：不完全对。是以中国传统为主，吸收 Kant、Hume 和 Hegel。中国传统强调是非之心与好恶之心同时培育，王阳明不说是非终究是好恶吗。

刘：是非比好恶之心理性多一些吧。

李：是非之心要变成好恶之心，要持久锻炼，才能成功，即变成了直觉，变成如味觉嗅觉视觉似的恶恶臭好好色一样，即所谓一念生处，既是良知。

刘：良知翻译成英文有一种就是 intuitive knowledge。

李：就变成一种直觉性的，即知即行。

刘：一念发动处，既是知，亦是行也！

李：王阳明最重要的，恰恰强调的是这个自由意志，即力行。力行也就是我讲的道德是做不做的问题，不是知不知的问题。王可说是承续了孟子的集义、持志、养气，加上佛教禅宗的某些东西。

刘：这是他的伦理学——致良知。

李：所以，王阳明不能成为一种统治哲学，但是它有一种反抗精神，为后人所继承。

刘：反抗哲学，呵呵。

李：这种精神在明末和近代起了很大的作用。阳明说“求之于心而非也，虽其言出自孔子，不敢以为是也”（《传习录》），孔子的话都不一定是句句真理，何况其他。所以有一种思想解放和反抗权威、打破陈规的行动力量。

刘： 您对阳明身后五百年的理解有新意，反抗精神！

李： 也并非新意，以前也有人讲过。总之，要立志嘛。

刘： 立志与自由意志！

李： 立志，这不是生下来就有的，要自己去立。阳明强调下学，其实指的就是要培养意志，不是指学知识。

刘： 嗯。

李： 有大环境和小环境。

刘： 对。

李： 自觉与不自觉地形成，好像是自然形成的东西，实际上不是的。

刘： 这是我最近才转过的弯子。

李： 我很早便讲过，几乎没人理睬，你愿意接受？

刘： 我刚接受。

李： 你愿意接受？

刘： 这我接受了。

李： 只有这样才能有创造性的发展。但第一，这来自我的自然人化的基本哲学观点，你尚未接受。你基本上还是西方流行的情感主义，人兽不分，还是几年前带来给我的那一大堆英文文献如基本情感研究等等。因此第二，当一直占主流地位的先验人性论一进攻，你又会回到讲恻隐之心是道德本源的所谓情本上去。你现在不是还讲动物也有情感，反对区分情绪与情感吗？

刘： 确有分歧，您一直强调创造。

李： 我以为牟宗三他们走的都是老路，所以我说他们在基本理论贡献上并未超过宋明，只是引进西方哲学，分析梳理得精细确当许多。

刘： 追阳明。

李： 我这一套，那些搞儒学的丝毫不感兴趣，他们认为根本不是儒学，其实只有不断吸取特别是消化非儒学的外来学说，儒学才能发展，儒学二、三期均如此。死抱硬抠儒学旧有章句，是不会有大出息好前景的。

刘：是呀。

李：就继承了古代的一些典籍，加些现代名词和词语的解释和附会，就算是搞儒学，就算是发展儒学……

刘：这还是主流做法吧。

李：哈哈哈………

（四）每个时代儒学吸收不同

李：汉代儒学，恰恰是董仲舒这些人，在根本上吸收消化了道家、法家、墨家特别是阴阳家……

刘：不是儒学的……

李：阴阳实际上是阴阳家的，但把它们拉进来甚至成了建构新儒学即汉代天人论儒学的骨架，把墨家拿进来，成为汉代以来的著名的孝弟力田传统等等。

刘：对，政治儒学是阴阳化的。

李：宋明儒学，宋明理学，也是受到佛教的影响。

刘：没错。

李：董仲舒的讲的是“天人感应”，讲天谴，讲灾异。

刘：对。

李：宋儒讲的不是这些，讲的是“理”“气”“心””性”这些……

刘：嗯，那启示是……

李：要吸收和消化外来的东西才能有创新和发展。中国文明素来如此。

刘：同意！

李：我是吸收了 Kant、Marx，特别是加上现代科学，哈哈哈……

刘：打通“中西马”！

李：还有现代科学。对我的东西的将来，我非常放心。

刘：呵呵。

李：暂时没有人注意没有关系。我就笑，朱熹死的时候，他还是“伪学”，不让人去告别嘛；王阳明死后四十年以后，他的书才让出版。

刘：是吧。

李：死后四十年！成为禁书。大概这些你都不熟悉。

刘：我倒对阳明生平很了解，不知身后境遇……

李：一切都不是那么简单。

刘：嗯，感叹。

李：王船山更是埋没了几百年。

刘：生前名和身后名。

李：倒不是名利问题，那是次要的，重要的是许多时候真理不大容易被人们接受，或害怕接受。我多次说过，包括 Einstein 的相对论，一开始也受到当时的大物理学家的反对和指责。Kant 也如此。我坚持我的哲学，倒也从不怕任何挑战，哈哈哈……

刘：哈哈哈。

李：正好像“实践美学”，我现在一点都没有改，从 50 年代到现在。

刘：也是，也倒是。

李：我看你那篇英文文章（指拙文 *From "Practice" to "Living": Main Trends of Chinese Aesthetics in the Past 40 Years*），后来，什么后实践美学，新实践美学，生命美学！还有你的生活美学呀……

刘：在您看来……

李：我讲都是倒退！在根本理论倒退到 Feuerbach，好像现在也没多大声息了？也许你那现在西方流行的生活美学要红火一点？

刘：哈哈，“生活美学”绝不是倒退，乃是新世纪国际美学的最新主潮。

李：最新主潮可以是时髦，而不是什么前进。2004年你开始大搞生活美学时，我就问过你：什么是生活？你一直没回答。

刘：哈。

李：又多少年了！生活首先是人的食衣住行嘛，衣食住行是建立在生产实践基础上的嘛，所以我坚持狭义的实践概念不改，广义的实践、人的生命、生活必须以此为根本，生活美学也必须在这基础上展开，如《美学四讲》中社会美所讲。

刘：还真是时光太快，但“生活美学”并不限于社会那部分，并可以由此来看艺术和观自然。

李：艺术和观赏自然也是从社会发展中生长出来的嘛，这我已在《美学四讲》中交代清楚了。

（五）由外而内的历史“积淀”

刘：再重复一遍，您是从道德到伦理，对不对？

李：从伦理到道德！怎么是从道德到伦理？你说接受我，却基本观点都未弄清楚。

刘：我问错了。

李：由外而内嘛。

刘：没错！

李：你继续问。

刘：那这是不是就是“经验变先验”呢？

李：“经验变先验”，比这范围广阔得多。

刘：哦，要更广……

李：包括认识论上也是这样。

刘： 认识论！

李： 因为你现在的一些观念，教你的那些基本概念，也是学来的嘛。

刘： 这很荀子嘛！

李： 概念怎么来的？

刘： 怎么来的？

李： 它经过历史、长期历史出来的嘛！

刘： 对，经过历史“积淀”而来。

李： 《批判哲学的批判》便讲过，几何学的点线面怎么来的？它是测量土地当中出来的嘛。

刘： 哈哈，来自实践！

李： 原来就是实用的技术，后来才抽象出来。

刘： 从实用到抽象。

李： 伦理学更是这样。

刘： 怎样？

李： 原来都是群体生存所要求的社会规范嘛。它们总常以宗教形式出现。各种宗教都有人人必须服从和遵守的规范性的戒律，“摩西十诫”这些东西……我在《孔子再评价》就引过刘师培讲的“礼出于俗”。

刘： 一共基本的十条。

李： 不能杀人，不能偷盗……后来就成为一些先验原则、上帝律令、神的旨意……

刘： 对对对。

李： 因为任何一个群体社会，为了生存，就需要一些规则规范，并且必须把它们说成是上述的上帝律令、天的旨意、天理、良知。人们才服从遵守。

刘： 这就是由“礼”变成“仁”吧。

李： 这就是由伦理到道德，由社会规范进入个体心理。

刘：嗯。

李：某些动物也有这个，人类把它大大地提高了、深化了，也就是理性化了，而且成为历史的东西，通过语言，一代一代传下来。

刘：代代相传！

李：对个体来说，就是先验的东西。

刘：嗯。

李：它是人类历史积累……

刘：“积淀”的结果！

李：对，积累沉淀。

刘：您的“积淀”，这是您上个世纪手稿里面首提的。

李：积累沉淀，就是“积淀”。

刘：“积淀”，乃是积累沉淀的缩写。

李：积累沉淀就是“积淀”，这是我创造的词。现在很多人不知道，以为以前就有这词。

刘：哈哈。

李：我喜欢我创造的新词，看起来就像是旧有的，如“儒道互补”就是我创造的。

刘：对。

李：这种看法，早就有了，但没有人用过这词语，台湾一位学者写了一本书，其中他考证出这词是我新造的。其实当时也并未被普遍接受，一位宗教所的老学者曾大怒说，儒道素来对立怎能说互补？但不久就被广泛使用和流行，却不知是我造的词语。

刘：从日本汉学到民国时期都曾有这个思想意味。

李：但是，这个词，是我创造的。

刘：是吧。

李：我造的词，恰恰好像是有过的，“积淀”也是这样。今天的“情理结构”也如此，英文中没有，当然还未被大家接受，你是用得较早的一位，如同“巫史传统”一样。实用理性、乐感文化现在也有些人在用了，虽然还不多，20 世纪 90 年代初被张岱年大骂为“胡说八道”。

刘：好像当初就有争论。

李：例如积淀。那时候，赵宋光说他要用“淀积”，争了半天，他用他的，我用我的。

刘：哈哈哈，结果……

李：我的这个流行，他的那个没流行。

刘：进入《现代汉语词典》了。

李：2004 年，他还是用“淀积”嘛。

刘：记得，我们一起在北京第二外国语学院开的会。

李：所以，积累就是历史，沉淀就是进入心理。

刘：这个说得好，很明确！

（六）“文化心理结构”不是“心理文化结构”

李：我的概念都很明确。20 世纪 50 年代我读过一些分析哲学，当时如日中天，但我不认为它是哲学，而是很重要的、非常必要的现代思辨工具。中国学人不重视它，所以老是概念不清说理不明，甚至自相矛盾也不觉察。至于你提及的“文化心理结构”这个词汇也是有很多背景，不是突然提出来的。

刘：对，进入心理，然后就是“心理文化结构”。

李：“文化心理结构”，不是“心理文化结构”。这在一篇答问中强调说过。

刘：为何不可互换？

李：所以那个时候，邹说，那位死的时候芝加哥大学降半旗志哀的华裔学者……

刘：他说什么？

李：他说，我们西方都是“心理文化结构”，你的这个“文化心理结构”哪里来的？

刘：来自哪里？

李：我说是我自己造的。

刘：哈哈，西方是心理学的，没错。

李：因为习惯于从个体出发，西方一般都是“心理文化结构”，但是我后来发现美国人也用过“文化心理结构”。

刘：哦？

李：但是没有像我这样——提高到这么重要的角度来用。

刘：对，哲学高度。

李：大家习惯上用心理到文化，我是文化到心理。

刘：从文化到心理，深意何在？

李：出发点不同，我是从群体出发。人的心理之所以不同于动物性，就是因为有群体社会的“文化积淀”，这也就是由伦理到道德嘛，然后积淀到先天不同的个体而又有差异。你始终似乎并不了解我在讲什么。

刘：还原主义的简单化！

李：怎么是还原主义呢，你特别喜欢用一些并不清楚的大词汇来概括、判断或述说。我当年不赞成你跟随西方来搞情感哲学，把动物的情感与人的情感等同视之，把人情等同于动物的情，那才是还原主义！

刘：动物情绪与人情不可等同。

李：你带来的那些文章，尽管有一些很有名，我是完全不赞成的，我也一直反对西方学者讲动物也有道德，有政治权术（《黑猩猩的政治》）有宗教（黑猩猩有巫术仪式）等等。

刘：为什么？

李：基本点错了。

刘：我倒看了几年。

李：人和动物的区分在哪儿？还是那句老话：创造使用工具，从而“心理结构”不同嘛。

刘：对嘛。

李：最近你发给我那篇讲“五四”的文章也好（指启蒙与救亡文），其实，我要讲的就是要改变“文化心理结构”。

刘：我的那篇最新文章叫《“救亡压倒启蒙”，本无可争议》。

李：今天之所以造成这样的局面，一个原因，就是中国老百姓的“文化心理结构”在起作用。

刘：嗯，深入！

李：我的“文化心理结构”是一贯的理论，而且可以实用。

刘：嗯。

李：那文章三十年了，可悲也矣。

刘：是呀，三十年。

李：原因之一，不是主要原因，是次要的，即有旧的“文化心理结构”在作支持。

刘：对对，这个“文化心理结构”的更新，还真很重要！

（七）解说王阳明“四句教”

刘：最近做王阳明“知行合一”研究，才发现，您讲的伦理三要素的重要性！

李：哦……

刘：原来以为三要素，就是一个结构性的，做这个才知道太重要了。

李：嗯。

刘：因为什么是知行合一？里面的三要素怎么分？观念是如何变成直觉？

李：嗯。

刘：所以，您的伦理学架构，第三点，最重要！三要素，较之伦理与道德之分，还与两德论，才是更为内在而重要的。

李：哪一点重要呢？

刘：就是三要素呀，伦理三要素，这才是伦理学的核心。

李：不是伦理三要素，是道德三要素。

刘：从伦理到道德，只是您的伦理学基本定位；两德论，则是由古而今的"重叠共识"嘛。

李：根本不是古今重叠。我那三要素特别是它的结构很重要，我认为以前的伦理学没有像我讲得这么清楚，但以后还应仔细探究这结构的多样和复杂，例如它们如何在不同具体情境中比例次序的差异等等，但我没法做了。

刘：哈哈哈……

李：包括 Habermas，Habermas 把道德和伦理分清了吗？

刘：对。

李：道德当然是个人义务，问题是什么是义务就不一样呀。

刘：比如……

李：今天的义务与一百年前的义务好些便很不一样呀。那是观念的变化嘛，怎么能够……

刘：嗯嗯。

李：Santyanna 不是也作区分嘛，分为"前理性"呀、"理性"呀、"后理性"呀……这讲不清楚的。

刘：有这么分的。

李：我这个区分很清楚。首先是伦理与道德的二分，然后是道德心理的观念、意志与情感的三分。道德是个人行为和心理，因为道德必须有行为嘛，而行为是在一定的心理之下支配的。

刘：嗯，从知到行。

李：所以道德是个体的行为和心理，这非常清楚嘛。

刘：对。

李：已无数次讲过了，伦理就是外在的社会的规范，亦即行为的规范，它对个人来说，规范就是观念。我那张表不明确点清了嘛。

刘：这就是说，道德是内，伦理则外！

李：伦理的范围很广嘛，从法律到习惯都属于。我记得还引用过文化人类学大家 C. Geertz 所说，文化最好不要被看作就是那些具体行为模式如风俗、习惯、传统等等，而要看作是一套统治行为的控制机制，人正是这套人身之外的控制机制指挥其行为的动物。你可去看看他那本名著《文化的解释》。

刘：从法律到规范。20 世纪 80 年代您就引用过 Geertz，研究生考试时还考了他。

李：这是观念嘛，社会习惯也属于观念嘛，但它们都是可以变化更易的嘛，个体的观念也如此嘛。

刘：嗯，这就是……

李：这就是理性内容。

刘：观念即内容！

李：“做不做”，作这决定而执行之是意志。

刘：一念发动！

李：我即知即行，行即知。

刘：知行合一！

李：那就变成直觉了。致良知就是要把观念变成直觉并与好恶情感融合，这可不容易，需要持久艰苦锻炼，这就靠意志力，变成一念生处，无往不善，如阳明所说“久则心中自然凝聚，犹道家所谓结圣胎也”（《传习录》）。我不也讲“理性凝聚”嘛，它不是先验（神赐）或先天（本能）的。

刘：观念变直觉！

李：一念发动，王阳明那“四句教”也有道理。

刘：也有人认为这是弟子所加。

李：这争论我知道，那无所谓。“无善无恶心之体，有善有恶意之动，知善知恶是良知，为善去恶是格物。”

刘：一念就是这个“意”！

李：第二句，就是观念嘛，第三句是培育成直觉，最后一句即是行嘛！

刘：嗯，看来“意”并非意志。

李：知善知恶，就是观念融合情感变为好恶的直觉嘛，就是致良知嘛，立刻知道哪个好，哪个坏！

刘：嗯。

李：阳明学很复杂，既可以发展为禁欲主义，如刘宗周，也可以发展为自然人性论，如陈确。我既反对禁欲主义、先验人性论，也反对自然人性论、社会生物学。当然，我的解说也许也根本不符阳明本意，但没关系。

刘：对，从心体无善恶开始，最终，为善去恶就是行。您诠释了“四句教”。

李：我的理论很清楚。上面对“致良知”也解说了，强调的仍然是意志锤炼，这才有真正的自由意志。

刘：嗯。

李：主要是那个心之体。说心是性，性是天理，我不赞同。性是DNA，生之谓性。这一定会受到围剿，但没关系。人性并不等于性，前已一再讲过。

刘：性是DNA，您这是科学理解，还是自然人性论？

李：科学理解，与自然人性论无关，我根本不赞成自然人性论，但我支持自然人性论当年反对先验人性论那套统治机制的进步作用。可见你对我的书我的论说根本不熟悉。我是历史主义者，我讲过历史有三性：具体性、积累性和偶然性，偶然性极重要，它包含了主动性、选择性等等，涉及个体和群体（如民族）的“立命”——命运问题，往何处去的问题。立命的“命”并不是“天命”，而是人（个体和人类）自己去奋斗去建立起来的命运。这就是我的哲学观点。所以不是“听天由命”，而且自己去创造去决定去把握命运。

（八）孟荀强调“动物本能”的两个方面

李：本来就没什么善恶嘛，你生下来，你根本就不知道什么善恶……

刘：也对，从儿童成长角度。

李：什么是“性”呀？“性”是什么？

刘：应该是后来的预设。

李：“性”是从哪里来的？“性”不可能先验是善的。

刘：我也反对先验人性论。

李：但是，我为何“举孟旗”呢？

刘：为什么？

李：那是在一种设定上：就好像设定“天行健”一样，天本身无所谓健不健嘛！

刘：似乎在冯友兰与熊十力的假设与呈现之争，您更接近于前者。

李：“天之大德曰生。”

刘：天有德否？

李：天并没有什么道德嘛，与人性善一样，都是一种“设定”。儒家的特点就在对这个世界中人的生存生命生活予以高度肯定，从而也才有这个“有情宇宙观”的设定。其实，Kant 详尽论说了上帝存在不可能用理智证明，也就是说上帝乃人的情感—信仰的一种设定。

刘：对。

李：中国古人给天赋予了一种情感……所以我一直说中国传统是“有情宇宙观”，从而儒家的人性善不同于基督教的原罪说，这是两种不同的设定。

刘：这里面孟荀有个拼合……

李：我讲“举孟旗行荀学”。这好像还没人提过。其实朱熹就是这么做的，当然朱并未意识到也不会承认这点。朱熹值得好好研究，因为你在读阳明，又恰好我们今天谈论的是道德心理。朱就极少提及。

刘：嗯，这也是个调和吧。

李：恰恰不是调和。我的“人性善”与孟子的“善端”（性善）又是在完全不同的意义不同的角度和层面上讲的。所以与朱熹又不同，我所举人性善的“孟旗”，已非孟子原意，我更重视孟子强调的自由意志，也就是这个知识人一直承继的风骨、品格、气节。我讲的“人性善”是普泛性的情感—信仰设定，孟子讲的是实质性的道德根底。请注意，这里有两个不同的问题，不能细说了。孟子和荀子讲的性善性恶，我认为，实质上是强调动物本能即自然本性的两个方面。

刘：哪两个方面？趋善与趋恶？

李：动物本能有好的方面，相互合作、协调、爱抚，也有恻隐、同情。

刘：所谓“利他主义”——altruism！

李：所以个体至上的自由主义者海耶克认为“利他”只是并不足道的动物本能。动物本能还有另一方面，争夺、打斗、杀戮，都有的嘛。

刘：也有落水不救。

李：所以，孟荀实际上举起动物本能的两个不同方面而已，人本来就是一种动物。

刘：嗯嗯。

李：一个是强调发展性善，另一个强调克服性恶，但是都强调教育学习，所以都是孔学。

刘：您的意思是孟荀统一于孔，也就是统一于“学”。

李：对。但孟子说不学而能不虑而知，也就离开孔子了；荀子只讲性恶，如同孟子只讲性善一样，也偏离了。

刘：对嘛。

李：所以，还是孔子讲得对，“性相近”，每个人的本性都是相近的，相近而不相同。

刘：与动物不同？

李：动物本能就是有不同嘛，有的狗蔫巴巴的，有的很凶嘛，每个动物都不同。何况人乎？人的个性便大不同，DNA 不同，人心不同，有如其面。生来就不同，个性差异很大，所以宋明理学也承认人有不同的“气质之性”。后来便更不同，所以是相近而不是相同。后来“习”就使之相距更遥远了。

刘：嗯。

李：不同于机器。

刘：那当然。

李：人就是一个生物体，生物体本身就有差异，所以后天的教化很重要，既“有教无类”，又“因材施教”，不是靠找一个本来的先验善的心体解决问题。将来医学会根据个体基因的差异而作不同的治疗。

刘：对。

李：但先天的不同、本能的不同和强弱等等，又仍然十分重要。特别是人的情感便是建立在情绪本能的基础上的，包括伟大的母爱、强烈的男女爱情也如此。

刘：“人之所以异于禽兽者几希”！

李：所以我在《孔子再评价》和《关于“伦理学总览表”的说明（2018）》中都强调认为，孟子在仁的结构第二方面（或称因素）即心理情感基础上突出第四方面即锤炼自由意志、独立人格，他那集义、持志、养气的理性凝聚，“正是孟子的最大贡献”。有趣的是，20 世纪 80 年代我已指出仁是四个方面组成的理想型的文化心理结构体。但至今学者们讲仁仍然是混沌一团，孔子讲仁明明显示了仁的不同面相，今天学者们讲仁却似乎只是仁爱或加上一点很不清楚的什么东西，仁这个概念的内涵外延始终不明不白。因而他们大讲的仁、仁体、仁本体到底是什么意思，我始终弄不清楚，不知道他们到底要说什么。因为他们用的“仁”这个概念就不清楚，是一团混沌。

（九）未来有赖于广义的教育

李： 天生就不一样，所以，有的人偏向善性多一些，有的人偏向恶性多一些，那是有的呀。

刘： 对。

李： 所以这个“性相近，习相远”，真正成为好和坏主要是“习”所造成的。

刘： 主要是后天塑造，当然也有先天根基吧。

李： 上面不是已讲了嘛。所以现代科学在研究，例如好些凶残的杀人犯强奸犯是否有先天原因。同性恋不也是有先天原因嘛，以前认为是不道德甚或犯罪，根本不是。

刘： 学习？

李： 我这个学习，不是讲简单的……

刘： 广义的。

李： 广义的学习，不是狭义的嘛。

刘： 嗯。

李： 包括后来的环境给你的一切影响都是……

刘： 都是“习”。

李： 所以，我的教育也是广义的。

刘： 嗯。

李： 远不只是老师、学校或家庭的教育。

刘： 那是什么？

李： 广泛的环境影响就是教育。

刘： 教育一定是后天的。

李： 胎教是先天的。

刘： 这一段说得可对，孟荀统一于“学”！

李： 对。哪一段说得不对，请说。

刘： 胎教也是后天的。

李： 哦？我上面讲胎教是从胎儿角度来讲的，并非从胎儿的母亲角度来讲呢，你又是概念不清楚。所以尽管你写过分析美学史，但并未学到分析哲学。不吹牛皮，我倒用分析哲学打败过不少论敌，特别在口头辩论中。书面的你可看看《美学三题议》。

刘： 我这次去武汉大学讲座，有人就提出这个教育问题，未来一定是“大教育”为主题。

李： 对，因为我一直把教育与人性连在一起，杨斌作为资深的中学教师便注意了这点，还出了我论教育的书。

刘： 嗯。

李： 古今中外讲人性的太多了，但什么是人性，始终没有讲清楚过。

刘： 那您呢？

李： 一开始我就抓住这个问题……你可以去查我 20 世纪 70 年代末的主体性论纲。

刘： 呵呵。

李： Marx 不讲人性，Marx 只讲人。当然在《1844 年经济学哲学手稿》中他也讲过人的五官感觉是人类历史的成果这样深刻的思想。我在《美学四讲》中强调了感性的社会性、非功利性等等。理性的社会性非功利性易理解，重要的是个体感性的非功利性和社会性。

刘： 讲自然人化！

李： 对。其实我以为，Kant 的知情意倒都是讲人化自然问题，他的认识论、伦理学，都是讲人所特有的心理形式和结构。

刘： 嗯。

李： 所以我说“从”Marx 到 Kant，就是这个意思，在伦理学，也就是从伦理到道德。

刘：工具本体。

李：对，工具本体，十分重要，中国学人特别是搞儒学的都很鄙视，一讲到“物”，就认为是所谓第二义等等，只有“心”最高，其实没物哪来心。所以我始终坚持它是基础。现在高科技的迅猛发展更证明我正确。手机、互联网、机器人、人工智能不断在改变人们的生活、观念甚至情感，不断在影响、作用甚至塑造人性。工具本体的重要的基础性质不是越来越清楚吗?!

刘：对，当时大家对工具本体问得最多，还有工具本体与心理本体的关系。

李：是呀！这工具本体是基础嘛，你看仅仅一个手机，生活有了多大的改变。

刘：那是，您都在那里刷手机。

李：是呀，逃不出我的手掌心，哈哈……

刘：这也是“异化”。

李：这证明我的工具本体的重要，是最基础性的。异化问题很复杂，我早说过，有些异化是必要和重要的。为科学而科学，为艺术而艺术，为某建设而奉献一生，以及在商言商等等，也就是这种必要的异化。Marx 反对和要纠正的是不自由非自愿的劳动异化。这问题还需要进一步研究。

刘：嗯。

李：回到工具本体吧，没有高铁，你能那么快嘛，对生活改变多大！

刘：对！

李：手机，电器，对生活方式改变多大，对人际关系、对个体心理、观念、思想、情感情绪影响多大，以后工具本体还会有新的发明创造，还会对心理本体有极大的影响和改变。

刘：这是生活美学问题。

李：所以生活美学必须建立在实践美学之上，它才能真正展开和发展。实践美学不就是首先强调工具本体、强调生产—生活方式的演进和改变吗?！生活美学不建立在实践美学基础上，说句好玩的话，它只是当年“姚文元美学”（他发表了七篇美学文章，本拟出集，因“文革”而停。这里只就其学术观点而言，不涉及其政治意图）的细密精致的高级洋装版，因为都是从日常生活现象的描述分析中讲美丑等等，也可归属于 Dewey。

刘：我不接受您讲“生活美学”等同于姚文元，呵呵……

李：当然不能等同。正如我当年开玩笑说，Levinas 的伦理学是“雷锋哲学”的高级玄奥洋装版一样：为他人活嘛！生活美学如果停留在描述、分析、论说生活现象上，便与姚属于同一类型，只有建立在实践美学上，探究在高科技时代的人类生产—生活方式和过程的节奏、韵律、形式感基础上的审美和美丑，从而有对生命、生存和人生价值、意义、境界产生新的领悟和快乐，生活美学才能有真正的前景和创新。

（十）越来越不喜欢 Heidegger

刘：您怎么看 Heidegger，您不是声称：以孔子化 Heidegger 嘛。

李：命名 Heidegger 的教席，都被德国人撤消了。

刘：参加《东西哲学年鉴》第三届国际学术研讨会，我发现……

李：什么?

刘：德国主要大学的都不做 Heidegger 研究了，还质疑为何中国居然这么多?

李：嗯。

刘：这次见彭富春他跟我解释说，那是因为以前讲得太多了，物极必反而已。

李：哈哈哈……恐不是物极必反这个抽象的一般原则所能解释的吧。

刘：怎么？

李：德国讲得也没那么多，倒是中国讲得多。

刘：的确与中国思想近一些，这也许是怪现象？

李：也不怪。在法国讲得也不少。

刘：法国大都是“后海德格尔”的 popular philosophe。

李：Heidegger 那些东西……我说过我是越来越不喜欢 Heidegger。对 Marx 也如此。

刘：呵呵。

李：我越来越看不起 Heidegger。

刘：为什么？

李：因为他的哲学……

刘：什么？

李：Heidegger 的问题，不在于他做过纳粹的校长，那是次要的。

刘：当选弗莱堡大学校长后，马上就加入纳粹党了。《黑色笔记本》披露得更甚。

李：他始终是一个纳粹，那也是次要的。

刘：重要的是……

李：问题是他的哲学本身有问题，有严重缺陷和谬误。

刘：嗯？

李：20 世纪 80 年代我就讲过，他的哲学有问题。

刘：什么问题？

李：在纳粹上台之前，他的《存在与时间》是 1923 年的嘛。

刘：嗯，1927 年发表，1923 年开写，1926 年写就。

李：但是，他那个精神，却是和纳粹是相通和一致的。

刘：士兵哲学！趋死哲学！

李：对呀，士兵哲学！我说的。

刘：嗯。

李：所以，把老子和 Heidegger 比，那是根本无可比的。

刘：为何？

李：因为他跟老子实质上是两个东西，尽管我说老子来自兵家。

刘：有中西古今之别。

李：不对。什么东西都有古今中外之别，你这句话毫无意义。主要是用老子与之比附，并没有真正懂 Heidegger。

刘：为什么呢？

李：只有孔子才能化 Heidegger。

刘：这是您的观点。

李：好像没有人这么讲过。

刘：孔子尚“有”，可以补 Heidegger 的“空”。

李：孔子的“未知生焉知死”，可以消化 Heidegger 的“未知死焉知生”。

刘：哦，消化他的“向死而生”！孔子是“有的哲学”！

李：我一再强调这一点，大家不愿听嘛，一见洋人就觉得高，讲那么玄就更高，哈哈，挺好笑的。

刘：哈哈，这是个核心！

（十一）动物性的“情绪”与人类性的“情感”之分

刘：关键这个中文的“情”，英文音译为 Qing。

李：在西文当中至少是英文里，Qing 没有对应的词。

刘：那倒是，音译是权宜之计。

李：我曾说 emotion 是由内向外的，feeling 则是由外向内，但后来舍弃不用。因日常语言中不必要也不需要这种区分。

刘：这您早就说过，由内而外是“情—感”，由外而内是“感—

情”。

李：日常语言本就是含混多义的，这理所当然，也应然。但现代科学和学术语言却应要求明确和清晰。所以我重视区分出情绪与情感。

刘：哦？

李：情绪为人和动物以及婴儿所共有的。

刘：那情感呢？

李：情感是“人化的”情绪。

刘：那就是说，情绪是动物性的，情感才是人类性的。这个区分……很断然！

李：这在思想上倒继承了儒家的人禽之分。

刘：但是，现代心理学、社会生物学，包括动物行为学，反倒要找到人类情感的动物根源。

李：人的情感当然有动物根源，包括我上面讲的母爱、性爱，这有什么奇怪的。这当然应该承认和好好研究。但在哲学上，我以为更重要和应予研究的是区分。西方自上帝死了之后，就将人归结为动物，我以为这在哲学上是错误的理论方向。

刘：如果，情感与情绪可分，那么在西文当中就起码该有两个对应词吧。

李：你就是因此反对区分，我已一再强调在日常语言和生活中，不需要这种区分，中文也是这样，也并不区分。因为两者本就连在一起的。但在学术研究和论说中则应该作出区分，即使西文没有相应区分的词也应如此，可以作些说明吧。好些中文词语在西文中也有没有对应的词，如 Roger T. Ames 举出的天、义、诚、仁、礼等等。

刘：确实也有这种现象，如 life 既指生命，又指生活。

李：在日常语言中，情感和情绪也经常通用无碍。

刘：我不赞同您这种进化论式的分法，我从哲学上把情分为“情性”“情实”和“情感”，它们分别是本体论、认识论和经验论，从而构成了三角关联。

李：你追随后现代反对进化论，我支持进化论（应为演化论）。所以我说我们基本观点非常不同。我倒很欣赏 Steven Pinker，觉得与我有点不谋而合，都支持演化论，强调历史进步，高度肯定科技，明确反对后现代，反对 Foucault 等名家，赞赏启蒙、理性等等。至于你那三情，我根本不懂，那三个概念是什么意思，我就不明白，把它们套入什么本体论等等，就使我更糊涂了，只觉得如我以前所讲，你到处贴上一个“情”字就以为是“情本体”，我不赞同。希望你理出一个有意义的系统说法，但我估计不大可能。

刘：对您的三情之分，我要质疑。

李：我什么地方说过三分？我根本没作什么三分，而只是提出两个问题：第一，中文的情可作情感与情境（situation）之分而西文没有，这有否深入的意义？第二，更重要的是，情应作情绪（生物性）与情感（人性）之分。这两个问题并不平行也不搭界，怎么可说是“三分”？你总是未把问题看明白就大发议论，当然这不止你，乃当今通病也。

刘：您是根本反对性论吧！哪怕是由情而性的情性论？

李：我不知道你说的“性”是什么，你那“性”到底是指什么？

刘：性在中国乃是一种不断生成的人类本性，human-becoming 而非 human-being。

李：后者就是人，前者是指人在不断形成和变化，与“性”何干？什么是“人类本性”？怎么个“本”法？而且“人性”就等于“性”？

刘：不，中国之性，更宽更深！

李：不懂。中国人与外国人的“性”不同？你大概是说中国这个词含义较广，但 Roger T. Ames 和我都讲过，人性不能译成 human nature，因 nature 有某种固有从而固定义，所以我翻译为 human psychology。但性并不等于人性。古人未分，今人应分清楚，不然就倒回到严复批评“气”的时代去了：搬来一大堆古典词语却毫无分析，含混模糊又多义，根本没法作学术讨论。

刘：人类心理？也有人问：您原来用欲与情区分动物与人，如今又用情绪与情感，这有何对应关系？

李：动物就只是欲，没情？狗对你大摇尾巴只是欲没情？也有情绪嘛，日常语言中也就是情感嘛。以前的说法没错，后来讲得细一点，我不再三强调过欲也有许多种类吗？有人有而动物无的欲望，如读书的欲望，有人和动物都有的欲望如性欲，等等，等等，情也如此。我不一再交代清楚了吗。

刘：动物当然有欲望也有情绪。但老狗对小狗的呵护，恐怕不是欲望和情绪，而是一种低级情感。

李：什么叫低级什么是高级？你必须先作个界定才能说，所以我说你根本没学好分析哲学。情欲本混在一起，因之在思辨和理论上要加以区别，原来是粗分，如今既专讲情，就要细分一点，如此而已。

刘：是要细化，但情绪与情感之分，似太简单。人类情绪与动物情绪的异同要具体分殊。人类高级情感与动物低级情感也要区分，如以反哺为机制的“孝”，动物一般就不可能有。

李：当然还要细分，细分是各种规范伦理学、经验心理学以至神经生理学的事，哲学不能做也不必做。哲学只是指明这种区分的必要，以确立不同于动物性的人性。你们那种种分法既非哲学，也非科学，只是一团混乱概念而已。

刘：焦点在于动物是否有情感？我觉得有！问题是什么样的低级情感为动物所具有？

李：刚才我已说先请你定义什么是高级什么是低级。又有多少层的级别，不会只有两个吧？你先说说。

刘：情欲为情绪和情感所共有。作为情绪的情欲更动物化，作为情感的情欲更人性化。高与低的标准，当然是离动物部分越近的越低，而人文濡化的程度越深就越高！

李：什么叫离动物的远近？性爱、母爱离动物性是远还是近？是高级还是低级？

刘：您说我抠字眼，如您所言哲学是意见，但起码是不普通的意见……

李：我根本没说你抠字眼，你恰恰是没抠，我是说你提到抠字眼这个问题。你这三个概念或范畴本身就没抠，因之便就不清楚。什么叫普通和不普通的意见？划分的界定在哪里？我抠了字眼，你倒真没抠。但我认为必须抠，这就是应用中的分析哲学ABC。

刘：哲学起码是一种有见识的意见。您的三情论，在一定情境下的从情绪到情感的“自然人化”，一看就是有进化论和历史生成的意蕴。知道您是贯彻人类学历史本体论的，但情绪与情感的人兽归属确实更复杂，需要更深入辨析。

李：我赞成更深入探究辨析情绪情感。但什么叫有见识？什么叫无见识？你说有我说无，如何界定？上面已说我没有什么三情论。三情论是你的。

刘：我的划分——情性是本体论，情实是认识论，情感是经验论，从而形成三者相互关联的三角结构，更多出于哲学架构的理由。我说的是情的三个基本面向，共时的；您说的是从情绪到情感，从兽到人的演化，历史性的！

李：反正我不懂也不接受你那三情说，既然谈到抠字眼，我感兴趣的倒是中文的字眼问题。中国文言中有“之乎也者矣焉哉”，还有那个“而”，都只是一种气的转折或延续，有一种或浓或淡的情感的意味在内，非逻辑，却重要，20世纪50年代我就讲欧阳修为在文章里加两个“而”字，不惜派快马追五百里把文稿追回的故事，不知西文如何。这与我讲中国把情感与情况连在一起便有关系。中国古文常以“气”其实也属于“情”来断句，而不是主动宾的逻辑。至于中国文字我以为根本不是语言的copy，它来自结绳记事，中国素来是文字统治语言，而非相反，这我已讲过多次。从而与Saussure的理论大有距离，所以我对自马建忠到王力用西语语言学来整理规范中国语言和文字，一直有点疑问。但我不是语言学家，也不是文字学家，不敢说更不敢多说。我这里只是补充《关于“伦理学总览表”的说明（2018）》一文开头提到的Sapir-Whorf关于世界观与语言相关的问题。英文What is××？中文可译成“××是什么？”也可译为“什么是××？”我感觉前者可止于描述而后者可追求定义，如此等等。不知语言文字学家如何看。

刘：您说一大段关于中国语言的意见，您接着讲……

李：我刚才已说我这方面是外行，不能乱说，可能已说得过多，出笑话。这里想再讲几句的仍是哲学问题。我多次讲“历史进入形上”，没人注意，但我以为十分重要。这命题看来荒谬，却与我不喜讲超验，但强调超越密切相关，超越一己的有限：一己的生存、生命、生活、苦乐、悲欢、功业、名利……面对青山绿水，进入审美代宗教，所以我说过“中国的山水画有如西方的十字架，到处可见”这句很要害的话。正是历史进入形上，才能以丰足富饶、人所独有的情理结构，使“人与宇宙物质性的协同共在”能具有多样深沉的心灵内容而成为本体。也就是说，历史绝不是一堆僵化的文本记录，不只是所谓事迹、人物、数据、账目……它实际容载着的是无数世代人们生活的悲欢离合、偶在实然。中国诗文中那么多的感时咏史、伤春悲秋、吟山叹水……便都是以历史时间产生的时间性的心灵审美进入超越的天地境界，它不是心体、性体的道德统制，而是并无实体却与宇宙自然节律（春秋代序、山川风貌……）协同共在的超道德的情本体。也许有如Kant的天上星空与心中自律，通由历史感悟，而融成的既敬畏虔诚又珍惜眷恋的自由审美感受。此之谓“美学乃第一哲学”？（！）但这已越出伦理学讨论范围，在这里再提一下，以后再说吧。引两段旧作结尾：

“昨日花开今日残，是在时间中的历史叙述，今日残花昨日开，是时间性的历史感伤，感伤的是对在时间中的历史审视，这就是对有限人生的审美超越……‘逝者如斯夫，不舍昼夜’，孔老夫子这巨大的

感伤就是对有限人生的审美超越，是时间性的巨大情本体，这本体给人以更大的生存力量。”（《美学四讲·实践美学短记之二》）

“佛知空而执空，道知空而戏空，儒知空却执有，一无所靠而奋力自强。深知人生的荒凉、虚幻、谬误却珍惜此生，投入世界，让情感本体使虚无消失，所以虽心空万物却执着顽强，洒脱空灵却进退有度。修身齐家，正心诚意，努力取得超越时间的心灵境界——这是否就是‘孔颜乐处’？”（《中国哲学登场》）

（原载《湖南师范大学社会科学学报》2018 年第 5 期）

历史、伦理与形而上学（2019）

（一）历史有三性

刘悦笛（以下简称刘）：这是从我们近年闲聊中整理出的一个对谈，可以作为上次《伦理学杂谈》的续篇，并以您说的“历史进入形上是中国哲学的精髓”这句话开头，如何？

李泽厚（以下简称李）：可以，人是历史的存在物。

刘：“历史进入形上”这与“经验变先验”，到底是什么关系？

李：这与没有至上人格神的巫史传统有关。要再说一下，我多次说的“由巫到（入）礼”不是指巫的所有外在形式如仪典、姿态，等等，而主要是指巫的几个特质（见《说巫史传统》）进入或变成了“礼”，成了礼的特质，使人间日常生活具有了准宗教的神圣性，是为“礼教”。不进入礼教的许多巫术仪式成了小传统，汉代在上层仍很活跃，但毕竟衰落下去，直到今天民间仍有少量的巫婆、神汉等。

刘：巫与史有差异：“巫”使得天人合一，“史”则让历史传承。

李：史，我也讲了不少，相对于基督教的“太初有言”，我多次强调“太初有为”。这“为”是指人类的“为”，也就是历史。《答高更三问》文也讲了不少。这个巫史传统使历史进入形上。形而上，metaphysics，常常是指超时空、非能感知的某种先验或超验的存在、真理、实体，如Being。说“历史进入形上”就完全冲破了这个先验与经验之区隔。我的存在论（本体论）以“人活着”为第一命题，认识论以“度”为第一范畴，当然正是此“为”此“历史”的呈现。

刘：这是关键所在呀。

李：对。

刘：上次提到，如果我们一起做个书，您说不妨就叫“论命运”。

李：1978年我说哲学研究命运，预卜吉凶。我讲中国的辩证法如老子、周易比Hegel的辩证法更经验更具体，是实用理性（pragmatic reason），也与此相关。命运特点是有偶然性。因为历史具有偶然性。

刘：您如此强调偶然，难道不强调必然？

李：对。

刘：历史难道不具有必然性吗？

李：它已包含在我讲的积累性中。

刘：为何？

李：我谈到过“历史三性”，你清楚吗？

刘：不清楚，历史有三性？我可以猜猜！

李：猜吧。

刘：第一，实践性；第二，发展性；第三，偶然性。

李：我的历史三性是具体性、积累性、偶然性。

刘：哦？没有必然性？

李：第一就是具体性，就是一定的时间、空间和条件。这是Hegel、Marx所特别强调的，也的确极重要，所以应居首位。一切事件、存在、命运都要在具体环境中来探究、讨论。

刘：特定时空，历史总是在特定时空内发生，概莫能外。

李：我讲道德三要素中的观念，作为伦理规范，便是特定时空条件下的历史产物，具有变迁、差异、相对性等，我说吸收了Hegel、Marx就是指此。历史的具体性十分重要。Hegel对Kant的“形式主义”的批判，主要便是指Kant的道德律令缺乏对行为的客观现实规定性或规范性，亦即缺乏历史的具体性。很多学人特别不重视这点，总是抽象的、空泛的大讲仁、孝等。

刘：这就是所谓“巨大的历史感”？

李：第二，则是积累性。人们常把一些伦理观念如仁、义、公正等作为本体、天道，其实它们都是历史的积累，与群体久远的经验积累相关，并非超历史的存在，它们确乎可以超越特定的时空和经验，但不能超越人类总体的时空和经验。

刘：积累与累积很重要，这与您的积淀说有关？

李：上面讲的就是积淀，是历史的内积累，历史还有“外积累”。

刘：积累难道有内外之分，这是何意？

李：所谓“外积累”，就是历史是发展的，这就是所谓必然性。这必然就建立在人活着便要吃饭，即食衣住行性健寿娱的存在和改善。人类以其制造使用工具即科技来维持和发展这个存在，极大地改善了这个存在，如寿命的普遍延长，战争次数的减少，等等。Steven Pinker讲了不少，我赞成。

刘：嗯，没有不发展的历史，无论进退。

李：我们讨论过最近的世界时日是在倒退。

刘：我认为，从全球到地方，都是一种历史的倒退。

李：现在的倒退时日仍有进步方面。

刘：什么？

李：毕竟科技还在迅猛进步，所以现代的倒退，会比古代好，也估计会短很多。古代可以倒退几百年，但对人类历史来说，仍不过一瞬。只可怜也可惜一个人只能活几十年。

刘：那倒是，可您怎知道我们比原始时代更文明？他们不是异口同声说，现代高科技带来的各种祸害吗？

李：的确有这方面，但主要还是利大于弊，高科技依然是推动历史前行的动力。

刘：您还是没有解开我上面的疑问，您怎知道我们比原始时代更加文明？

李：上面不着重讲了食衣住行等吗，你愿意活在原始社会？你早已死了，活不到这个年岁和我讨论。所以我赞赏 Pinker 反对否定进步、否定启蒙理性的后现代时髦。

刘：他比较注重历史进化，还以各种数据分析为支撑。

李：后现代否定历史，否定进步，强调文化相对主义等，很时髦，现在还有许多人跟着嚷，我 20 世纪 80 年代就反对。

刘：历史相对主义，的确问题多多，正如绝对主义一样。

李：不能各打五十大板，你最喜欢这样，正是历史区分出了社会的进步与落后。

刘：但这并不是由低向高那种线性历史观。而要持一种多元共生的观念。

李：反线性又是后现代时髦理论，你们总喜欢时髦，难道秦汉时代的五德循环论比今天的线性论还高明吗？我承认倒退便不是什么“线性”。我的伦理学除强调自由意志（这也是历史内积累即积淀的展现），也重视观念（这既有积累性，更有具体性）。所以是 Kant 加 Hegel，Hegel 是历史进步论者，其实 Kant 也是。

（二）历史的天道与人道

刘：还有第三性——偶然性呢？

李：偶然性这次谈不了。我强调过历史与伦理的二律背反即人类命运的悲剧，至今也只能以“度”来尽量调适，这是一个深刻的历史命题。这课题便与偶然性相关。这个二律背反也与历史具体性相关，伦理与历史的黏合则与积累性相关。历史的偶然性使寻求历史进入形上的“天道”十分艰难复杂，特别在今日高科技足以毁灭人类整体的可能性压力之下，从而也使人类应掌握自己的命运的重要性更为凸显。

刘：如果说，历史具有偶然性，那么人生呢？过去您更多强调人生的偶然性，命运大概就是如此。到底是历史的命运，还是人的具体命运？

李：两者本就连在一起，否则历史就不是人的历史了。历史本就是个体与群体、社会、国家、人类各种不同关系的生存生活和命运。真是“三生有幸”，“三生”是生命、生存、生活，但“三生”都在偶然性中度过。

刘：“三生”偶然何意？

李：历史是偶然的，所以，命运掌握在人的手里！

刘：这就是您的“历史本体论”？

李：所以，历史本体论，就是历史进入形上。也就是形上形下不割裂不隔绝，道不离器，理不离气，天道不离人道，先验出自经验，理性建自历史。历史是亿万人众、千百万种悲欢离合的活生生的生命、生存、生活，它不是某种固定僵死的心、性、理（在这里，理=礼）、气、道，所以才说情本体乃无本体，它以活生生而变易、深沉的个体情感为本体实在，所以才眷恋、感伤、了悟、珍惜自己这脆弱渺小的偶然生命，而努力赋予它以重要的命运归宿。历史进入形而上后，仍有道、器之分，历史的“道”是什么，便是一个极深刻而需要深入探索的问题。

刘：好个历史变形上、成形上！

李：因而历史并不只是一个个事件……那都是“器”，历史上的“道”却首先要求历史的真实性、客观性、价值性。这都是难被认同和确定的大问题，有否“真实”的历史？历史有“客观性”否？以及何谓“真实”“客观性”？任何历史书籍或记录均有不自觉的价值观念或意识形态的渗入，自觉的即官方的史书、报道，包括中国传统的“隐恶扬善”“为尊者讳，为圣者讳”等道德教言。主张价值中立的现代史学反对这种渗入，却又可以仍然是另种价值观念或意识形态的渗入。这是历史学自身的张力与矛盾，也正是历史哲学亦“从人道找天道”所需探讨的难题。历史与伦理道德的复杂（黏合与背反）的价值关系，都是属于本体论的历史哲学的大课题。

刘：历史形上学与您所倡导的“审美形而上学”是什么关系？

李：历史应包含人活着的喜怒哀乐，这才是具体的历史，这不就是情本体么，最后，不就是以审美情感作为天地境界么。这后面再说。回到历史的具体性，如前所强调，历史是悲欢离合的每个人的具体生活。

刘：每个人的？

李：每个个体既是亿万人，又是无数代。

刘：前者是空间，后者是时间的，时空结合。

李：这是中国人的哲学。西方的形上学追寻那超时空不可感知的 being，中国的形上探求历史的人的 becoming，历史也永远在 becoming 中，周易有三义，它的“简易”就是指它不是玄奥难通的形上，而是人类生存中那活生生“不易”的“变易”，即历史和命运也。

刘：嗯嗯，历史成为本体，而且是生成的本体，这个本体并不是西方的 ontology，而是中国的“本”之“体”。

李：中国讲，人道就是天道，人道就是历史嘛。所以说是“历史本体论”。

刘：但依“新历史主义”，历史也是虚构之一种，尤其《史记》里的历史叙事也有一定虚构性。

李：在 21 世纪初的《历史本体论》一书中我已讲，有虚构的一面，但考古证明并非完全虚构，并非都是文学作品，如果那样，那就没有什么“道”可求了。所以我反对历史均虚构。我认为这种所谓“新历史主义”也是后现代的时髦。

刘：所以，恰恰就是要在历史中求道，寻形而上学，而不是脱离历史空谈。

李：既然说是天道，就不是人的主观想象出来的。但这个天道，又恰恰是人自己奋斗出来的。

刘：所以，您才如此关注命运？

李：命运是人类自己掌握的，这就把“立命”的高度树立起来了。

刘：对，这才是从历史中寻人道，对不对？

李：在历史中寻找天道，但非常难找。儒家追求的“复三代之盛”，农民起义提出“苍天已死，黄天当立”，自由主义要求的普世价值，共产主义讲的历史必然性，便都可说是在寻找历史中的“天道”。特别是其中的激进派别发展为追求“天道”的政治宗教。

刘：道器最终合一的。很多人觉得二者混糅未分嘛，形而上与形而下的区分就是错误的，这就是二分法。

李：西方后现代流行“反二分法”，时髦呀。

刘：您是反“反二分法”。

李：我是说，有些事物客观上可二分，但很多却的确很难二分，你能说几点几分是白天，是黑夜？如长幼、生死等，均如此。所以许多二分是人为自己行动、生活上的方便而必须设立的。我一直讲红绿灯问题，没有红绿灯那不撞车了嘛。这二分就是“为”，人的行为活动中的要求和规范，不只是静态地理解和认识，并且也都是历史产物，不能否定和取消。

刘：现实的人为二分还是必须的。

李：“人为”首先是为了规范行为，整个伦理学不就是为此吗？规定什么是对什么是错，什么应做什么不应做，等等。

刘：哈哈哈，好个“反反二元”！后现代，不仅在后发的中国，在全球都已经出现了颓势。

李：后现代从 Nietzsche“重估一切价值”实即怀疑和否定一切由历史所造成的现实开始，到 Foucault、Derrida 等人反理性的解构，已走到了极端了。

刘：后现代思想的终结。

李：后现代主义的特点便是否定、破坏、怀疑历史和现实。当然后现代主义也有一些好东西，例如后现代建筑就很好。

刘：您还是现代主义者。

李：前面涉及的 S. Pinker 以及 John Searle（且不论其个人品德，

如最近因性骚扰遭严惩）等人的倾向比较健康、积极。

刘： Searle要抛弃怀疑论。

李： 所谓怀疑论也就是后现代的解构一切嘛。Pinker等人有两个“健康”的态度，一是明确反对后现代的各种时髦主流，如Pinker严厉斥责Nietzsche，指名道姓地批评好些名家；二是注意纠正启蒙理性的个体本位。Pinker以大量统计材料作论证，Searle注意到“我们”与“我”之不同，如此等等。从启蒙理性至今，在原子个人理论导向下。一些年轻人追求完全脱离社会的“寻求自我”“实现自我”，而不知这种种观念又恰恰是某种时代社会的产物，从来就没有完全脱离社会的自我，包括“自我”这一观念本身便属于一定时代的社会意识。我在《历史本体论》等文中已多次讲过了。社群主义是在纠正这一点，但又走向另一种泯灭自我的危险倾向，特别是在中国。

刘： 后现代主义是当代怀疑论。这倒是后现代的原则——Everything goes!

李： 一直到Paul Feyerabend的《告别理性》“什么都行”。后现代的文风“弯弯曲曲”，一个简单道理被说得异常烦琐。

刘： 今天所讲非常重要：人类要掌握自己的命运！

（三）从前习俗、习俗到后习俗

刘： 您已写了不少伦理学的文章，但与当前各种伦理学学说、学派似毫无干系，何故？

李： 我主要是讲整个伦理学的哲学构架的形式，并未落实到伦理学所讲的内容中去，并没讲多少具体的伦理、道德的规范等。

刘： 那为什么呢？

李： 我以为先确定整个形式结构是重要的，它涉及方法论问题，是研讨伦理学各种具体事项、问题和理论学说，亦即各种规范伦理学、政治哲学和道德心理学的前提。

刘：但您的两德论已开始涉及伦理学的具体规范内容，涉及宗教与道德的关系等问题了。您的道德三要素说和伦理道德二分及由外而内说当然也就涉及道德是习得还是天赐（自然的天即进化或基因而来。先验的天即上帝的神谕或先验的人性而来）诸问题，其实可以与当今颇流行的科尔伯格（Lawrence Kolhberg）的“三水平六阶段”的习俗说相关联。

李：对。我主要是针对和拒绝一直占据统治地位的先验人性论和自然生成说（即动物有道德）。我觉得 Kolhberg 倒可以证明我讲的由外而内说。

刘：您着重道德律令的来源，其实似乎应从道德与宗教的关系说起。其中《圣经》亚伯拉罕杀子在 Kiekegaard 解说下突出了这个问题。因为相信上帝是全知全能，是善本身，对上帝的旨意命令的绝对服从便是道德律令绝对性的来由和人性归宿之所在，这种神谕论，亦即各种宗教性道德的神圣性和归依感，被启蒙主义冲击后，一方面以各种新装面目出现，如上提及服从于领袖人格神的政治宗教，另一方面则出现了大量的反对这种神圣性绝对性的文化相对主义的伦理学学说。您如何看？

李：我同意你的这个简洁描述。但我也已经回答过了，它们都属于道德三要素中的“观念”范畴，即都是人们观念变易而形成的，如不再相信全知全能全善的上帝，不相信旧有律令的绝对和神圣，不相信习俗的权威和力量，或者，信仰仍在，但对象变迁，20 世纪 50 年代我曾目睹一些虔诚的基督徒转而变为虔诚的马列主义者，愿为共产主义奋斗终生，80 年代我又看到一些马列主义者转而信仰基督，都十分真实、真诚，“信”的对象、内容、观念可以变，但“信”这个心理定势没变，前者相对，后者绝对。但是，也有大批什么都不“信”依然心地善良行为端正的好公民。这使道德是否必须皈依宗教或以某种宗教、某种信仰为基础，两者的关系究竟如何，值得深究。

我以前多次讲传统宗教性道德对现代社会性道德的“范导和适当构建”，这主要指传统宗教性道德至今所具有的积极因素，如中国一个世界的情本体（它来源于新石器时代开始的以血缘关系为基础的悠久长远的氏族制度的原始民主和仁爱原则。氏族、部落之间则常以“非我族类，其心必异”而有残酷的战争、杀戮）。但我同时便指出了现代社会性道德对传统宗教性道德的禁欲、顺从等负面因素的冲破和新的积淀的必要，也一直认为这一方面对当今中国更为迫切和重要，只有这个文化心理结构的更新和改变，才是实现中国现代性的充分条件，只有踢开为传统宗教性道德所支撑的现代政治宗教，才可能使物质生活的现代化的必要条件充分实现，这也就是我多年讲的“西体中用”和新的“内圣外王之道”。这几十年的努力使必要条件（无之必不然）相当具备，而充分条件（有之必然）却严重不足甚至倒退，便是当前关键所在。所以，不能附和西方的后现代思潮，20 世纪 80 年代启蒙呐喊并不落后。人作为历史存在物在传统中国被规范为关系的定在，构成上下关系长幼有序的礼教秩序，如何扬弃即情感保留观念突破这个历史中所寻觅得的“天道”，例如，“兄弟亦朋友”（独立、自由的个体，Aristotle 伦理学）与“兄弟高于朋友”（长幼有序，兄友弟恭，中国传统伦理学）的冲突和互补，等等，便成为“两德论”提出情理结构等概念的原由。这当然主要仍然是观念问题。

刘：这里当然有观念变易的问题，但观念属于理性概念，宗教都是情感的信仰。

李：这正是复杂性所在。政治宗教从历史中所认为的“天道”，似乎是政治观念支配了情感信仰，实际却是有行动力量的强韧顽固的“宗教性”的情感信仰和对宗教教主如上帝般的绝对服从，来支撑着观念而造成灾难。如纳粹、“伊斯兰国”等等。当然这种狂热的情感信仰仍然以一定的观念为指向为归依。其实一般的情感信仰也需要以认知即理性概念亦即以观念为基础。动物和幼儿都有情感，但能有宗教信仰和宗教情感吗？

刘：您仍然是在论证道德不是自然本能，也不是天（神）赐的“良知良能”。

李：对。我的“伦理学总览表”三要素中的“观念”便注明了乃“伦理规范”，包括任何社会性道德和宗教性道德都如此。所以，各种规范伦理学和政治哲学实际上都是讨论各种道德心理（从而行为）中的“观念”要素这个大问题。从而，研讨道德观念的来龙去脉，某种道德观念如何产生、持续、演变或被推倒、颠覆、衰亡等的历史过程，我以为便十分重要。人类文化学和最近兴起的历史人类学可以提供不少材料。

刘：因为它们都是人类在一定时空环境条件下自觉或不自觉的历史产物？

李：对。这就是我宣讲的历史主义，即历史的具体性和积累性。

刘：您既讲观念的相对性、变易性，又讲心理的意志和某些观念的绝对性、不变性，总之是心理形式的绝对性和观念内容的相对性。但黏附在绝对意志形式中的观念也在积累，如您举过“忠于”、诚信、不说谎等，其中一些便积累成了神谕、天理的“先验”“超验”。

李：“忠于”谁的具体观念内容变了，但“忠于”这个心理定势未变。Kant之所以说，道德最终总要走向宗教，大概也因此故。因为道德作为规范个人行为的绝对律令，似乎总要求一个绝对可靠的基础，才能使自己去履行道德义务责任时心安理得，有情感上的稳妥感，在此感中获得心灵慰藉和归宿。

刘：这个“心安理得”，似乎也有儒家道德心理学根基。

李：道德与宗教成了一个难以完全分割的问题，甚至以之安身立命，取得“终极关怀”。但是，又非所有道德行为及心理都一定非要有这种宗教信仰作归依情感不可，如我上面说的“好公民”便不一定要问其信仰什么，这也就是我所提出的两德论。大体说来，Kolhberg的第二水平也就可以了，无须要求每一个人都必须在心理上达到第三水平，特别是第六阶段。公德可止步于第二水平或第五阶段，私德却常要求第三水平与第六阶段。宗教便追求第七阶段。当然还有一些不同的解说。我说过我同意“三水平”，怀疑“六阶段”。Kolhberg 也没谈直觉、知行合一等问题，他那“三水平”只是从教育心理学证明了我说的由外而内、由伦理而道德这一重要命题。

刘：您说过，所谓宗教性道德实际是社会性道德的外壳，而社会性道德是受制于一时一地的社会经济、政治、文化诸多条件下的产物，这产物可以是自觉的“礼”，也可以是非自觉的“俗”即习惯。

李：神圣性在历史中也常褪去其光环而变为伦常日用的“俗”了。而且，宗教性道德的具体内容也在变迁改易，如今西方神父也可以娶妻成家，这便大大改变了天主教千百年的陈规旧习。历史的积累性和具体性在个体心理层面有一定的复杂性。例如，离开五伦（君臣、父子、夫妇、兄弟、朋友）来大讲五常（仁、义、礼、智、信）便只能是我说的附着在意志中所历史积累的观念定势或构架，五常本形成在中国古代五伦角色伦理的社会规范和人际关系上。久习以为常的观念便成了似乎是来自上天或“本性”的独立的先验的天理、良知。这就是伦理与历史的黏附性。我认为冯友兰在哲学上有两个贡献，一是提出人生四境界说，一是抽象继承法。但他从新实在论的“理世界”来讲，我则从心理形式即积淀（定势）来讲，所以便不“抽象”了，我给这个“抽象”放下了一个物质性（心理与脑神经活动直接相关）的基石，展示出伦理与历史的黏附性即内积累性。

刘：近现代以来，五伦实际的确定的道德规范或具体律令已逐渐崩裂甚至消失，如三年之丧的“礼”，为夫殉葬的“义”以及“不孝有三，无后为大”“烈女不事二夫”等。其他“常”的具体社会内容也有变易。但另一方面，“礼”“义”等心理定式又有其历史的积累性。这二者的矛盾背反构成了一幅非常复杂的图像，酝酿出各种伦理道德学说。

李：正是如此。前面提到的离动物性本能较远的“忠”“信”观念，既有其内容的变易性，又有其形式（心理定式）的积累性。强调前者走向各种伦理相对主义，后者追求在伦理道德中安身立命的“终极关怀”，走向宗教和伦理绝对主义。

刘：Kant 反对神学道德论，却有道德的神学，Kiekegaard 在道德之上有宗教，Levinas 将伦理学定为第一哲学，Kohlberg 有第七阶段，牟宗三指出道德的规则便是宇宙的规律。

李：宗教在这里便成了道德的归宿，也是基础，都被说成是超验或先验的，把心、性抬入神圣的天命、天意，认为“仁”是孝悌之本，把孟子讲的心理结构的“四端”（恻隐、羞恶、辞让、是非），归结为仁义礼智的先验性。

刘：您是反对这些理论的，反对这种中国式的先验论。

李：不仅“中国式”，外国式（如 Kant）也同样反对。我愿意将孟子的“四端”作为人与动物其实共有的“善性”提升为儒家“有情宇宙观”的“天道”设定中，但仍然强调“学”——孔子的“下学而上达”、荀子的“劝学”、孟子的“求放心”，强调仍然是后天学习的成果，仁义礼智及“四端”并非生来就有。你说婴儿和小孩就“不虑而知”“不学而能”，便有辞让、恭敬、是非吗？

刘：这就又回到刚才讲的 Kolhberg 的前习俗、习俗、后习俗“三水平六阶段”的伦理学了，您如何看？

李：我已说过，我同意 Kolhberg 的“三水平说”（“六阶段”则暂存疑），认为正符合我说的由社会外在伦理转化的个体内在道德。

刘：具体讲讲？

李：第一水平的前习俗开始是具有惩罚性、强制性的要求和规范，以特定的观念和情感来整顿和规约人的动物性的心灵，个体心理水平的由低向高的进展恰好是与这种观念和情感的变异相关，由个体存在的利害观念（前习俗）到个体和群体生存习惯的行为规范的观念（习俗）到超一己甚或超群体生存的信仰观念（后习俗），这也正是由道德进入宗教之路。

刘：中国儒学传统并无人格神宗教形上哲学。

李：人不是神，也不能成为神，从 20 世纪 70 年代开始，我提出人性问题时，就着重讲了人的动物性，我的伦理学仍然重视这个方面，例如两德论中，我也指出现代社会性道德的启蒙主义实际已突出“欲”的问题，但由于是在理性原则上建立，尽管其中也有情感因素，但其观念内容绝大部分是理性占领，所以也才有今日反男性个体主义的女性情感主义伦理学的崛起，这便是后现代的好东西，虽然尚未占优势。后现代也是个复杂的问题，包括其中的破坏、否定，也有其积极的合理重要方面，这属于历史具体性的问题，但其主要特征之一是反历史积累性，我认为这是错误的方向。

刘：我觉得您的两德论引入 Kant 的“范导”观念非常重要。

李：我之所以重视中国传统儒学宗教性道德对现代社会性道德的范导和适当建构，其中恰恰包含了中国阴阳渗透互补的重要观念，当然也包含了女性伦理学重情感的特色，包括对“鳏寡孤独”的弱者的同情、爱抚、一视同仁等观念，所以强调最终将是“和谐高于公正”。“公正”是理性的判断，和谐中当然也有理性，但远不止于理性。

刘：中国伦理学对于世界的贡献也大抵在此。

李：这才是中国的美德，不同于希腊“四德”中缺仁爱。当然，也仍然要剔除中国阴阳互补传统中的“夫为妻纲”男尊女卑的观念。

刘：两德论是您 20 世纪 90 年代提出的，有您对中国传统的阐发因素，那么，西方呢？

李：在欧美，无论是功利主义、自由主义和也属后现代思潮的社群主义所倡导的 Aristotle 的以“平等朋友”为基础的美德伦理，都是男性中心的个体主义和理性主义，有如 MacIntyre 所说，缺少对人作为动物一环的依赖性、脆弱性方面的关注，从而才需要传统宗教性道德即讲圣爱的基督教道德，两德论虽产生于中国现代，却对世界有普适性格。

刘：我也特别赞同 MacIntyre《依赖性的理性动物：人类为什么需要德性》当中的观点，但是却没想清楚中国思想由此能做出什么贡献，既然中国伦理按照 Michael Slote 的 Moral Sentimentalism 的观点来看，乃是一种与西方“阳性”伦理不同的“阴性”伦理。

李：我根本不赞同这说法，也不同意 M. Slote“共情”理论，这已在别处再三说过了。但也要注意到，中国以血缘远近为轴心的上下尊卑的伦理道德确实不同于以神人关系为轴心的人皆“平等”（但妇女却没有灵魂）的基督教伦理道德。

（四）良知不只是知

李：你讲“良知非知”，遭到围攻没有？

刘：有批评，在中国人民大学“良知与认知”的会上。

李：“良知非知”，是不是你的题目？

刘：对。

李：良知不只是知，加个字就不受围攻了。

刘：为何？

李：你看，我讲的道德有三要素，不只是知嘛……

刘：什么意思？

李：三要素中只有观念是知。

刘：什么意义上的知？

李：你对父亲要孝敬，首先要认识谁是你的父亲，母亲教小孩要爱爸爸，要听爸爸的话等等，这不就是知嘛?！起码的知。

刘：那是，但要孝敬与认识谁，不是一个知。

李：你对人的态度、要求、作为，首先总要认识这个人是什么人吗，你的作为也是因人而异，对父母亲对兄弟和朋友便有不同，不同的朋友也有不同，任何伦理规范和道德行为都要一定的规定、要求，就是知嘛。任何道德观念，总有认识因素在内。

刘：那良知就是知啦？记得您否定过！

李：正是如此，良知是以“直觉形式”表现出来的“知”，它不只是知嘛。良知还需要意念和情感的帮忙嘛。

刘：就是潜在的了吧？

李：有潜在也有并不潜在，有自己明确意识到，也有未意识到的。看上去是不经过思考，实际是因为长期在某种环境中长大，变为了习惯意识，其中包括意念锻炼（如克己）和情感，它就是广义的“教育”，教育当然离不开“知”。

刘：的确是养成的，更多是后天的。

李：这是常识。前面已说，例如“孝”不是什么抽象玄奥的空洞观念，孝的行为都有其具体内容，其中既包含大量认识（即观念），也包含意念和情感。

刘：但这是要点。

李：要点往往很简单，我讲的三个要素很简单但很重要。

刘：都很重要？哪个更重要？

李：以前不是说过多次，最重要的是意志。

刘：想（善良）还是做（善行）？

李：想做就做了，我强调道德是做的问题，不是什么知和想和如何知、想的问题。

刘：哦，知行合一，最终要化作行。

李：总之，你不做，只想做，那不算道德。想了便能做，就靠决心、意志。Kant 以为知道该做就能做，其实不然，他那理性实在是太纯粹（pure）了。

刘：要点就在这里，一方面表现为直觉，另一方面意志驱动嘛。

李：观念、情感，经过意志决定表现为直觉，就是良知。你们大讲孟子，都主要讲“四心”，恻隐、爱等，我则强调孟子讲“苦其心志，劳其筋骨，饿其体肤，空乏其身”，即长期培养锻炼出来的自由意志，才有“虽千万人吾往矣”，我强调孟子的“三不”精神（富贵不能淫，贫贱不能移，威武不能屈），正是它培育出了中国士大夫知识人中不少的圣贤豪杰，是鲁迅所说的中国的脊梁，两千多年传承不断，如此悠久强劲，其他文化似不多见。

刘：清人凌廷堪说："当其将盛也，一二豪杰振而兴之，千百庸众忿而争之；及其既衰也，千百庸众坐而废之，一二豪杰守而待之。"（《校礼堂文集》卷四《辨学》）这才是走自己的路，"虽千万人吾往矣"。

李：精当准确。我强调锻炼意志，我以为王阳明知行合一，正是如此。良知良能均是积淀的产物。长期的努力结果就变成好像是天生或天赐的。

刘：没错，这是历史积淀论。良知乃是积淀而成。

李：我说"积淀"已几十年，人们总常批评说，这是强加理性于感性，抑制了个性。我多次指明，恰好相反，由于每个人的先天后天均不相同，因之积淀也人各不同，恰恰是极大的张扬了、展开了、发展了个性的独特性，这在道德上也表现得很明显，例如懦夫与勇士、君子与小人等等。"知耻近乎勇"，"勇"远不只是物质力量，而更是情理结构的意志。

（五）"自由意志"问题

刘：这涉及近来热闹讨论的人工智能有否自由意志的问题。

李：上两篇我们的杂谈里，我便说过，我的意见是，自由意志不是自然科学或脑科学的问题。

刘：难道仅是个伦理问题？

李：任何科技里都讲因果性，从来没有什么离开因果的"自由"。自由在 Kant 那里是与灵魂、上帝相提并论的积极的"先验幻相"。

刘：对。

李：但是，人在伦理学上有自由意志，什么意思呢？因为即使你是自由意志，也还是有因果性的，但由于牵涉到个体与个体、群体的关系，就不同了，就有这个"自由"即自由选择的问题了。

刘：自由为何？

李：因为它不是个体或个体脑子中的事情，它涉及个体与个体、个体与群体的关系。它不是一个科学问题，它是一个社会问题。

刘：自由意志当然是在社会选择中完成的，但是当今西方心理科学和心灵哲学的主流之一，却是试图用科学原则去解读人类自由意志的本质。

李：关系到个体与社会的关系，你选择干这件事情，还是不干这件事情——干还是不干，都有因果。所以在诉讼中，律师们总要找出犯人所作所为并非犯人自己所能控制、选择的各种原因，如精神失常、环境所逼、一时冲动等，这其实就说明任何行为包括所谓自由意志下的行为，也仍然受因果律的支配，是有原因的，因此我们说“自由”摆脱了因果，是说摆脱了即不着意不顾及对自己不利的因果，明知山有虎，偏向虎山行。不顾时空、因果、关系等现象界即现实的认识的范畴限制和决定。

刘：这是社会性因果，自然有无因果性？

李：很多人对这个就是搞不清楚，因此，它就不是一个个体神经的问题。不管有什么你不能控制或未曾意识的原因就这样而不是那样做了，这个“做”便是由你的道德三要素所驱使你的“自由”，即所谓“自由选择”，你就得对这个“自由”负责。这就是“自由意志”。这个选择对社会有利还是有害？伦理学便规范这个！所以它不是一个脑子决定或者不决定的问题，都是脑子决定的，脑子决定是有原因的，但不管是什么原因，你选择了这个行为，你对社会群体就有责任，所以是伦理学问题。

刘：责任当然是伦理问题，“责任伦理”如今也很盛。

李：就社会说，是责任伦理；就个体说，便是道德义务。责任和义务又都由观念所决定，观念因时空、历史而有变异和不同，所以它是个伦理学问题，不是认识论问题，也不是神经与意识等认识因果问题。人工智能的所谓“自由意志”实际是被包含在人为软件设计的复杂因果链中的，所以与自由意志无关。

刘：所以您反对当今用科学方法，如脑科学，来证明自由意志的做法，也反对心灵哲学，给自由意志提供一个理论基础。

李：恰恰脑科学是对的，它证明没有自由意志！

刘：嗯，另一种科学论证。

李：我记得我们在哲学对谈中不是讲过嘛，自然科学家不承认有什么自由意志。

刘：这是个大问题，自由是否遵循因果律？

李：你把两者放在一起就不对，你可以翻翻我那本讲 Kant 的书，自由是相对因果来说的嘛，所以自由是一种先验幻相，但是这个幻相有很重要的积极作用嘛。

刘：到底何为因果？

李：我引一段我在《批判哲学的批判》里面的话："在这里，因果不是线性的机械决定论，系统的复杂结构形成了多元和网状的因果，可能性的选择数字极大。而任一选择对整体系统和结构均将产生影响。所以不能把总体过程当成是机械决定论的必然，必须极大地注意偶然性、多样的可能性和选择性。"

刘：这个论述具体。

李：所以我说自由意志，只有在伦理上有意义，在科学上没有意义。

刘：这是您的理解，但与我近期仔细阅读的思辨实在论，英文就是 Speculative Realism，应该说是大相径庭。

李：我素来不管别人如何说，即使是当代名人、权威。

刘：但您也说"美是自由的形式"等吗？

李：我这里只讲"自由意志"问题，不涉及"自由"这个词语的其他含义及其使用。"自由"据说有 200 多种含义。

刘：2011 年出版了 Searle《新世纪中的哲学》。

李：我前面已讲了 Searle，不论他的品行，但我同意他的一些观点，例如他是主张身心一元论而不是心灵哲学的身心二元论等学派。这本宏观论的书，倒是相当明确干脆的。现在哲学都在走向专业化、碎片化，细致钻研探讨哲学特别是哲学史上的专题和细目，总之是向科学看齐吧，这很好，但已很不容易看懂，如分析哲学走向心灵哲学，我认为很好，与我设想和多年提出的“走出语言，走向心理”的总路线完全符合，但是这些心灵哲学的文章，我已看不懂了，缺少专业知识，与我讲的“大众哲学”大不相同。大众哲学早被后现代批判为“假大空”的废话了。在中国，也是日渐专业化、碎片化了，这也很好。但在思想层面，其主要特征却是前现代与后现代合流反现代。1995 年我在中山大学讲过，不幸而言中，不必多说了。

刘：Searle 要抛弃怀疑论。

李：所谓怀疑论就是后现代嘛。

刘：后现代主义是当代怀疑论。

李：怀疑一切存在吗？怀疑有什么客观规律？没有嘛，不只是上帝死了，人也死了嘛，自我也没有了嘛。最终就走到前面提到的“什么都行”。

（六）伦理道德的三条基本来路

李：再回到伦理学，你说伦理道德到底是哪儿来的？

刘：追问历史根源？这是您的思维特色。

李：我认为，都从历史而来，伦理是历史的外积累，道德是心理的内积累，亦即积淀，即文化心理结构或个体的情理结构。社会伦理必须体现在个体道德行为上，特别是当今盛倡的美德伦理，讲究的不是“应该”做什么样的事，而是“应该”做什么样的“人”，于是便从个体内在的修养、功夫出发。为何能有道德，能成圣成贤，可能这就是所谓“心学”吧，但我认为从头说来，仍然只有三个来路。

刘：哪三个？

李：其实这又是重复上面讲过的良知和直觉问题。第一个是动物性。

刘：本能！

李：动物本能。

刘：这是基础性追问。

李：中国学者一般都不大接受动物本能说。多次讲过，外国好些学者接受，认为动物有道德。人的道德只是它的发展而已。

刘：中国早有人禽之辩。第二个呢？

李：第二个是天赐的了。所以大讲先验、超验，这一直是学界主流，但这“先验”又从哪里来或如何可得来，谁也没有讲清楚。天赐？何时所赐？一生下来“天”就“赐”了？那与动物本能又有何不同？

刘：也形成了一种先验幻相，无论中外。

李：先验幻相是另一个问题，不要混在一起。两个会（指中国人民大学“良知与认知：从孟荀到朱子、阳明学术研讨会”和北京大学“第二届精神人文主义研讨会”），主要也是以这派为主吧。

刘：还有一个困惑我很久的问题：宋儒究竟是一个世界还是两个世界？这个题目都属于您所论中国智慧或文化心理结构的一个世界观。曾与清华的某位朋友争起来，他说宋儒天道终归于人间，也是一个世界，内在超越就是一个世界。当时我回应说，基督教两个世界无疑，内在超越则是另一种两个世界观，否则超越到哪里？

李：我不早问过超越到哪里去，还说过宋儒追求超验即两个世界的失败。你对我的基本观点并不甚了解，或者仍是动摇调和那一套。还有，最近公布的《清华简》甚好，可见强调只有心性论是儒学精髓，那著名的四人宣言和港台新儒家之误明矣！我在美国讲课便直接从“文化心理结构”讲中国思想史，说这是一个 living tradition（活着的传统），有长处也有弱点，我不只是讲古人、死人的学说而已。我还讲西方犯人临刑前由神父主持忏悔以便灵魂超升，中国则是必须饱餐一顿酒饭好上路。学生听了便笑着领会了一个世界和两个世界的不同。

刘：与朋友争论一个世界与两个世界，居然有些愠怒。朋友指责我根本不了解您的思想，说宋儒就是一个世界，牟宗三也是，中国思想都是如此。整体来说都是一个世界，但是宋儒乃是歧出，中国智慧主脉并非如此，这是佛教东渐后的变异结果。中国思想界和哲学界很多人，对超验的天道流行深信不疑。当这个信仰被质疑时，他们往往激进反驳。当论争到此“信仰”之处，很多问题会变得不可争了，独断论就出场了。

李：你确实不大了解我，但他们更了解我？不可能嘛。他们对我的书都不屑一顾嘛。所以不必动怒，和他们继续争辩嘛。天道只是一种情感信仰，但天道的内容是什么？可请他们讲讲！宋儒不是说过天道即人道吗，但那“天道”是三纲五常的等级伦常规范，即非常具体的封建的各种伦理规范。我也相信天道，更赞同天道乃人道，但此“天道”却不是宋儒的纲常规范，所以即使说是一个世界，仍大不相同。我的物自体就是物质性的宇宙，不是脱离物质、身体的灵魂、天国、上帝。宋儒追求“先于”气的理世界，亦即“天理”。朱熹讲“理是本”，“未有天地之先，毕竟是先有理”，即有个先验的“理世界”，但朱熹又一直强调理不离气。Kant 的超人类的“理性”本体世界，是可以与“气”、与因果的现象界完全分离的。宋儒总想把现实的伦常纲纪（即君君臣臣父父子子）提升为“理”的“净洁空阔的世界”（《朱子语类》），永恒不变，无往不适，其实也可说是想历史进入天道，只是这“天道”是他们认为不可变易的封建现实伦常，从而也就不是变易的“历史”了，与我讲的便根本不同，而且也未能“超越”到那个超经验、超“气”“器”的理世界去了。这正是由于有悠久强劲的巫史传统在人心（包括宋儒们本人）中拒绝和抑制的原故。朱熹等人在理论上的艰难困惑，非常明显，今人只好解释说，只能在“逻辑上说”“理在先”，那就没有实在的意义了，所以我说是“失败了”。

刘：对呀，这就是根本差异所在。芸芸众生皆“信”超在的天道，但天地本是自然天地，怎是道德的呢？把头上的“灿烂星空”与内心的“道德律令”合一，何以可能?！将内心的道德投射到自然当中后又让天道流回人间，如何可能?！

李：在 Kant 是对超人类的理性的信、仰，在我是对超人类的不可知的物质物自体的信、仰。

刘：这是您与 Kant 之别！Einstein 的宇宙神（明）！

李：所以不同于 Hawking 认为宇宙依存于人的图式，我在《批判》书中说 Einstein 相信这个神，中国传统相信这个神，我也相信！

刘：当然，这也是一种相“信”，哈哈。Hawking 竟有此观点。岂不与 Kant 为自然立法一脉相通？

李：不对。

刘：为何？

李：宇宙的存在靠人吗？它如何存在不等于为何存在，前者有人立法，但有些法是立错了的，日心说便替代了地心说，等等。所以 Heidegger 和 Wittgenstein 都惊叹为何有有而无无，不是“如何”而是“为何”的问题，这是不可能解决的。

刘：这种“有有而无无”之追问，才是本根的形而上学，您由此走向了一种“理性的神秘”。上面讲伦理道德的三条来路，您说说第三条？

李：那就是我所讲的：积淀才成直觉。因之，是先伦理后道德而非相反。

刘：赞同，就是要从条路走下去。这次说得太清楚了。

李：所以你尽可追问他们讲的天道、天意、天命等到底是些什么，是什么东西？哪些是先验的，哪些不是先验的？

刘：对呀，要追问。

李：例如孝，前面已讲有很多具体规范，如“三从四德”“天下无不是的父母”“父母在不远游”，等等，哪些是先验的？哪些不是先验的？区分的标准在哪里？好些“孝”的古代规范，现在已经变了，还先验吗？具体的观念，你可以列举嘛，这一百多年来，观念变化很大嘛。其实应该写本伦理观念或规范的变迁史来谈先验、后验问题。

刘：确要历史地看。

李：到底哪个是？以前自由恋爱，那是不道德的，是恶。

刘：西式爱情观念，也是舶来的。

李：哪个是先验的？哪个是先验的“善”？

刘：良知不是固定不变的。历史唯物论？

李：人类生存各种族各文化在食衣住行上有些共同目的，从而人际关系、社会约束、伦理规范也有相似和相同的规则，其中有些观念，随着历史就慢慢地不大变了。我前面不多次讲过这种黏附性吗。这种“黏附性”正是历史向伦理的提升。所以在历史与伦理的二律背反行程中，吊诡式地在历史的具体性、相对性、偶然性中构建出伦理道德的绝对性、优越性和普遍性。这也就是由“人道”提升为“天道”的历史建构形上之路，非常深刻和复杂。之所以说“太上立德”和“歌其功而不颂其德”（见拙作《存在论纲要》）便正是使历史与伦理的二律背反逐渐缩小，也就是由人道而天道，去恶求善，从而历史进入形上。当然，对群体社会来说，这是一个漫长的时间行程，从而个体对时间性的情感把握，对“情理结构”的探求却愈来愈重要。这远远不是什么“语言问题”，是由语言走向历史积淀入心理的问题。

刘：在绝对与相对之间，也许没有绝对，但道德相对主义也有问题。

李：这前面好像已经讲过了。这就是“文化心理结构”问题。

刘：您老说走出语言，走向心理，语言是个圈套。

李：Heidegger 哲学语言的确魅力极大，他自己当然更包括他的追随者们后来便陶醉和迷失在他那语言大迷宫中，不出来了。这是我的看法。

刘：如果讲心理，孟子则更重恻隐之心，“四端之端”，王阳明讲良知，是从是非之心发出，这是孟王之别。

李：这些细节我现在不想深究。孟子的恻隐之心，解释也非常之多。韩国在这方面，所谓“四端七情”，研究也非常多。

刘：形成所谓“四七之辩”。

李：但更重要的是抓住几个关键问题。如到底是否先验，伦理道德与历史的关系，等等。你们总喜欢讲恻隐之心便是仁，朱熹的确讲过“仁”是“爱之理”，但朱更强调的“仁”乃“全德”，即“仁”是一个各方面的总和，这倒与我讲仁的“结构”近似，“仁”到底是“爱之理”还是“全德”，朱熹讲两者都是，关系如何？何者为重呢？这便是些关键点。

我所强调的由伦理而道德，由外而内，不只“释礼归仁”。与“仁”并称的“义”也如此，“义”由外在习俗、规范、伦理的适度，即“宜”，逐渐成为个体内心的“义”（当为、应为、仗义……）。

（七）中国是“有情宇宙观”

李：既然回到伦理学，我的《伦理学新说述要》，包括与你的那个附录“杂谈”，虽然很短，但是重要。

刘：其中，侧重论经验变先验嘛。

李：侧重由历史（伦理）、教育（道德）而来，所以强调孔子—荀子的“劝学”。

刘：对谈短而精。

李：当时就讲了，良知乃直觉。讲了中国传统是非之心与好恶之心融在一起。

刘：是非与好恶之心的相融，就是“情理合一”嘛！是非里有好恶之心，好恶里也有是非之心。

李： 因为西方强调理性观念，主情感的如 Hume 又贬斥理性，说理性只是情感的奴仆。而未注意两者的结构关系，所以我提出“情理结构”，在英文里似乎并没有 emotio-rational structure 这个词汇。

刘： 从 Plato 到 Kant，都是太偏重理性。

李： 因为西方“两个世界”。

刘： 中国没有超验传统吗？

李： 不是。几乎任何文化，包括中国都有超验亦即另个世界的思想、情感的趋向和方面，中国也有，但这个方面，比较起来，非常模糊空泛。

刘： 还是有趋向吧。

李： 已再三说了，中国人相信天道、天意、天命等，相信有个超越人类的东西，但这个东西到底是什么，有些什么具体内容、状况，却并不明确清楚。不像许多宗教有非常明确的如上帝、耶稣的语言道说，当然中国道教也有玉皇大帝之类，也有信关帝、信妈祖、信各种天神，等等，但无甚理论可言，都属民间习俗。中国儒学的“天”则既是精神，又是物质。如我多次引用过的王国维。

刘：《圣经》里面，上帝就讲了很多话，中国恰恰“天何言哉”！但您不也说过，Kant 的“位我上者，灿烂星空”可以作物质理解吗？

李： 这是我对 Kant 的解释，在 Kant 那里，恐怕主要仍在强调统制一切的那个超人类的理性。我则视之为不可知的物质物自体，即宇宙本身。

刘： 还是用了 Kant 范畴。

李： 不可知的“物自体”。这就是“天道”，它的内容由“人道”来填充。包括对宇宙的解说，如 Hawking 讲的宇宙图式、黑洞理论等，所以还得用 Kant 的范畴。

刘： 这个就是人和宇宙的和谐共在？

李： 对。

刘： 这是一种更高的悬临。

李：我讲的这个，也是给“性善论”的一个前提、预设。

刘：怎么？

李：中国人只有“一个世界”，并且相信这个世界是好的。虽然西方 Leibnez 也问过为何有有而无无，也讲过先定和谐，讲这个世界是可能世界中最好的世界，《圣经》也说人是依照上帝的形象而创造，从而，应该是本善的，但与中国的有情宇宙观仍不同，他们那里原罪论影响仍然更大，中国这个宇宙观远为彻底和“其来有自”，即这个传统优势悠久而一直持续。

刘：“乐感文化”！

李：孟子的“四心”，可说是对“有情世界观”的重要贡献。

刘：这个您没说过，还以为您反“四心”呢？

李：我没有大讲，因为你们太强调“心学”了。

刘：您不是反对恻隐之心吗？

李：什么时候我反对过恻隐之心？我所反对的是它们乃“不学而能，不虑而知”，我只是说这不过就是一种动物本能，并非天赐的先验道德。孟子特别是宋儒把它提升到先验，实际是由于一种“有情世界观”的设定。孟子和王阳明讲的良知良能，我已多次说过了是自由意志的直觉不择恶而行良，这是由意志锻炼而成的良好的认知和行为的能力，此即 good will，善良意志，能自我立法普遍适用，便是自由意志。在 Kant，这是超人类的理性，中国的背景则是“有情宇宙观”。

刘：的确是一种积极的趋向。

李：前面已讲，善恶观念有很多变化，因古今不同、文化不同而常有不同。中国因为“有情世界观”，认为天是好的，“天行健”，所以“人性善”，即人的出生、存在便是善的。人没有原罪，“三生”有幸而非有罪，这也不是佛教的三生，是我讲的生命、生存、生活这“三生”，哈哈。

刘：与西方“罪感文化”相对而出。

李：这与西方的原罪论 Kant 的“根本恶”恰恰可以并立，因为是在同一个层次上，即超出了讲动物本性有善恶两面的层次，而在一个更高的层次上讲性善性恶。

刘： 怎样？高层次？

李： 善恶本来是动物性的两个不同方面的人为描述，这我已重复多次了。把它提到原罪、有情宇宙观，便与动物性无关了。

刘： 性格？本性？

李： 孟荀之分本来来自动物性的这两个方面，但孟子特别是宋儒把性善抬到远非动物性的形上层次，所以一下占据了绝对优势，一直到今。

刘： 那倒是，孟荀别异。荀远低于孟。

李： 主要是宋儒捧上天的，当然韩愈等人作为先导，本来就人性无所谓善恶，还是孔子讲得好，“性相近，习相远”，一切靠学习嘛。

刘： 无善无恶论？

李： 人就像动物一样，前面已讲，动物的“本性”有好（合作、爱抚）的一面，也有坏（凶残、杀戮）的一面。当然这里的好坏仍是人的定义。在动物本身无所谓好坏善恶。

刘： 动物伦理，也是对应人而言的。两方面都是为了其族类的生存延续。有善有恶，有阴也有阳。

李： 人把这两方面说成是善、恶，于是就有性善性恶，孟子把人的动物性的一个方面提高到人性本善的先验层次。我则把它归纳于“巫史传统”所具有的“有情世界观”中。可以再讲几句孟子，“四心”并提，当然其中有理性在，如是非之心、恭敬之心等等。你们所强调的主要是“恻隐之心”亦即仁爱或“仁”。我却认为孟子将此恻隐情感提升为“全德”的“仁”的基点和始端，实际是使人在有限人生的悲欢离合的历史行程中，满怀情感地去寻求、建立、体悟人生意义的“天道”。正因为此，历史进入形上而成为审美的形而上学。这也就是对没有人格神的中国巫史传统的“有情世界观”的巨大贡献。今天的人类学历史本体论也可以于焉封顶。这对孟子的评价非常之高了吧。

刘： 对，历史根源还在巫史也。

李： 这就够了，一个世界也，并可以与西方的原罪层次相当。

刘： 就是一种宗教的设定吧。

李： 原罪是一种宗教性的设定。中国人就不相信有什么原罪。但中国这种“有情宇宙观”也是一种包含情感信仰的非宗教的宗教设定。

刘： 那是，忏悔意思也不足。

李： 对。中国人缺少足够的忏悔意识，这是缺陷。西方好些人就相信原罪，我觉得哲学家 Wittgenstein 就有一种莫名其妙的负罪感。

刘： 难怪他爱读 Dostoevsky，并受其影响。

李： 但讲有情世界观或原罪感的意识或潜意识，便与讲动物性的两面是完全不同层次了，原罪感是西方传统环境下的文化心理结构的一个具体内容，中国没有。

刘： 乐感使然。

李： 中国恰恰强调人……

刘： 以人为本？

李： 在西方基督教，人被赶出乐园，接受苦难和死亡，经过最后审判，才入天国。

刘： 没错。

李： 中国不是这样，中国人认为生在这个世界是幸福的，人只要努力奋斗，死后也可以上天，尽管那个“天”很空洞模糊，犹太—基督教的原版则是人再努力，也不一定能入天国，入天国仍由神定，所谓“选民”是也。中国人希望一辈子幸福活着，只要一生行善，死了也可以升天，而升天还要带着地上生活的一切。好像很低级吧，其实并不见得。

刘： 五百年来的王学，该真正衰微了吧。

李： 你因此被围攻，不投降就不错嘛。

刘： 那有什么可以投降的呢？

李：我怕你经不起围攻。

刘：那无所谓。我敢面对心性一派。

李：他们是主流呀，恻隐之心，并且讲就是情感呀，这也投合你的味道。

刘：我也不是唯情主义。您讲的“情本体”，也是以理为主，以情为辅的。

李：是理性渗透进去，不是主辅问题，所以叫“情理结构”。因是后天的各种原因，各人有不同的情理结构。而且有时情主理辅，所以叫“结构”，结构可以多种多样，百花齐放。

刘：理入于情也。

李：人类是理性的动物，这个老定义还是对的！

刘：这么古老的定义，人难道不是符号的动物？

李：这是 E. Cassirer 的定义，但符号便是理性的产物嘛，关键是理性又是什么？如何人才能生发出来，这请看我的认识论。说人是情感的动物就不准确，动物也有情感嘛。

刘：情欲关系，至今未决。

李：情欲这种关联和它们的区别，以及各种不同的情与各种不同的欲的关系。有的情与动物性的欲关系密切，有的不然或根本没有关系，各种观念也如此。性爱与婚姻便不同，后者社会性占优势。我提出“儒学四期”以情欲论为主题，而不同于第三期的心性论，本应细说一番，但现在无能为力了。

刘：相互匹配的秘方？

李：异常复杂，人的许多动物本能如何与理性相结构，但要彻底弄清楚，恐怕要等百年自然科学的研究。

（八）“有人哲学”与“无人哲学”

刘：现在，中国哲学研究人很多，也很热，西哲研究有所衰微。

李：那不奇怪，最近这十多年来，中国富强起来了，学人们跟着转向。

刘：与20世纪80年代完全相反。

李：80年代，激烈反传统的学人，现在大都变成了激烈拥护传统了。

刘：民族本位主义。

李：这其实是错误的方向，以为不需要向外学习了。

刘：当然还要拿来主义。

李：孔子高于一切，这是完全错误的。

刘：尊孔也不可能回去了。

李：你不是很关注我最近说的“有人美学”与“无人美学”。

刘：刚写过文章《以“有人美学”之道建构中国美学学派》。

李：其实应该推论到“有人哲学”与“无人哲学”上去。

刘：人类中心不该反思吗？

李：我就是人类中心论，那又怎么样?！哈哈哈……

刘：您是一脉相承，从“主体性实践哲学”到“人类学历史本体论”！

李：本来就是其中应有之意。

刘：现在强调人类中心，似乎就是错的。

李：那也错不到哪里去，不要怕。离开人讲世界、自然、宇宙并无哲学意义。宇宙具体如何，如黑洞等，是科学问题。以前我倒一直讲，人类中心论是西方的。

刘：为什么？

李：《圣经》第一章就讲，上帝让人类管理自然，那当然就是人类中心论喽。

刘：没错呀，这是宗教视角。

李：当然启蒙理性也要负责任，要人去征服自然。但我的人类中心只是说我站在人类立场上，而不是站在狗熊或灵长类的立场上，也不是站在全动物族类的立场上立论，那有什么不对？我把人类生存延续作为最重要的实在和最高的善，有什么不对？尽管这个实在和善必须有天地、自然的前提，但研究、探讨、认识天地自然最终也还是为了人，这天地、自然等等，离开人也没意义、无价值可言嘛。

刘：您是无所畏惧，有道理！

李：这就是我的人类中心论。这样，也可以回答 Hume 的著名哲学难题，“是”（认识）不能推论出“应该”（伦理），的确，“这是一本书”（非价值判断，中性）推论不出“这是一本好书”（价值判断，好书便“应该”读）。但追溯到根源上，书是为人出版，读好书便也许可以培养做好人好事，伦理道德与认识可以在最终根源统一，并非一定要彻底分开。我知道这本书，读或不读对我都可能有影响，因之认识“这是一本书”在最后根源上可以与“这是一本好书”有关联，尽管这个推论或推理可能很曲折漫长。

刘：不是动物中心。

李：这里牵涉到的是认识与行为（伦理道德）的关系问题。总之，这“中心”不是“圣经”让人去管控自然，人类去统领自然，对抗自然的“中心”。

刘：顺应自然，也不对，也不完全可能。

李：人类为了自身生存延续恰恰是要与万物相和谐。即使控制、使用，也还是为了生存延续并与自然和谐相处。

刘：民胞物与，倒是可能的。

李：只有那样，人类作为一个生物族类群体，才能很好地生活、生存和延续保存自己族类的生命。

刘：这是以人为“本”。以人为核心，这才是人类存在主义。

李：不讲什么存在主义，没有人的生存延续，一切都没有意义，认识也是为了生存嘛。但这只能在总体方面讲，而不能作实用主义有用即真理的解释，这也就是人类学本体论敬畏“天道”和在人道中、在历史（形下）中寻求“天道”（形上）的重要环节。

刘：Hawking说，外星文明会威胁人类。

李：我不相信，没足够证据。但你讲宇宙、天道、上帝等，如果离开人类，有什么意义？当然，你可以作自然科学的考察研究。对人类生存延续不利的事物也得认识、研究，科学并不管这些，但伦理学要管，所以有医学伦理等各种规范伦理学和政治哲学。

刘：意义和价值，乃是人造的。

李：地球变暖，对黑猩猩等动植物也可能不利，但也可能对某些动植物、微生物、细菌有利，所以就看你站在哪种动植物族类上讲话。我是站在人类族类的立场上，你说是人类中心论也无不可。人类生存延续就应是人的中心主题，是有关命运的课题。

刘：一定少不了被批！对自然破坏，不能再下去了，生态失衡已不可逆转了。

李：我当然反对现代大工业对自然的破坏，如地球升温、海水上涨、砍伐亚马逊的原始森林，等等，这是人类犯的大错误，亦即大有害于人类族类的生存延续，现在不已开始觉醒了么，可以逆转嘛。

刘：主要说的是人与自然和谐。

李：人类会做错许多事情，搞错的事情，那就吸取经验，极力纠正。这正是在历史中追求“天道”。

刘：人类每次进步，都要付出代价。

李：倒不一定“每次”，但历史与伦理的二律背反，我不早已提出来了嘛。Engels早就说过，原始社会时候乱砍树的什么的，使得没法生存了，以后就要吸取了教训。孟子也早说过，“斧斤以时入山林，林木不可胜用也”。树还是要砍的，但要掌握好“度”，只是要“以时入山林”，以保护树木的再生长，总之还是为了人。

刘： *刀耕火种，大面积燃烧森林，那是人类第一次污染大气。*

李： 一开始还是为了人类生存的，后来就改进了，这就是历史经验教训建立起来的。“度”之所以具有本体性，正是因为只有它对自然、对人际（如在历史与伦理的背反中）在历史中才能建立起“人道”即“天道”。“巫”的特质之所以重要，是因为人“与天地参”的历史具有神圣性。所以，“人道”，才能是“天道”，这才是历史进入形上。在历史中求“天道”，是件很难的事。但以“人活着”为第一命题的历史本体论仍然要重复其根本观点，即不同意“上帝造人”“基因变异”“人有语言”三大看法来解释“人类如何可能”，认为只有使用—制造工具才能解释。尽管原始的斧斤就会破坏森林，尽管有人不断提出黑猩猩或某种动物（如鸟类）也制造工具，但我仍然强调只有人能普遍必然地使用—制造工具，一直到今，但从一开始便有其必要条件（无工具不能生存）、充分条件（使用—制造工具的多样性）和前提条件（生物进化到灵长类的身躯和脑结构）。理性由是出，历史由是建，从而人类的生存延续的生活质量便远超其他动物。人所特有的语言也是由于其语义主要有使用—制造工具的实践活动中的动作（与对象和与人际）经验传承下来，成为人类最重要的符号工具和力量，在这意义上，说“鼓天下之动者存乎辞”“语言是存在的家园”才对。我一直认为是使用—制造工具的实践活动创立了人类语言中语义的（semantic）特点，即使用—制造工具的技能、姿态、程序等等，而不同于动物也用以交流的“语言”。我很重视原始语言的手势语学派，我认为那许多原始手势语言主要是使用—制造工具的技能、姿态、方式、程序等等，后由语音伴随，而成为人类特有的语言。现在应走出语言，走向历史积淀的个体心理。

刘： *但是如何不让“自然付出代价”呢？*

李： 什么叫“自然付出代价”？不懂。总之，犯了错误，改正错误。地球变暖，就应有“巴黎协定”。这是人道，也是天道。我以为这次疫情倒恰好证实了我的“有人哲学”，我的历史本体论本就以“人活着”即人类命运（生存、延续）作为哲学第一课题，“度”（proper measure）作为认识论第一范畴，因为人靠“度”来生活（从原始生产和人际关系开始）。现在大家热烈讨论疫后经济问题，便正是人“如何活”下去和活得更好的问题。

我也趁此机会，公开宣布我撤消以前自封的“马克思主义者”的头衔、称号。虽然我仍然继续同意并吸收消化了马克思关于工具、科技、生产力是社会经济的核心这一“hard core”和经济是人类生存的基础等历史观点，但仅此一点，恐怕也不能就说自己是马克思主义者。我在新写的“康德新探”（即《批判哲学的批判》）英译本序中用三个“不是”（no）和一个“是”（yes）间接点出了这点。该书毕竟是40年前写的，章章多引马列以为护符，但以一个“是”，即使是hard core的“是”来说自己是马克思主义者，实在是太勉强太没资格了，所以应予撤消。如有何反响，年已九旬，不作复了。

（九）走向“美学是第一哲学”

刘：还是再谈谈您的伦理学建构吧。

李：前面已说，我的伦理学，如伦理、道德的划分，道德心理三要素，两种道德论都只是对伦理学形式结构和概念范畴的设定。

刘：这是目前所见的简约构架。

李：我将有关社会规范的功利主义、自由主义划入政治哲学或规范伦理学，中西美德伦理因追求个体品德修养为重点，便应从道德心理学入手。

刘：这也似乎关系到公私之分，抑或您的社会性与宗教性道德的分殊。

李：再重复一下，这两方向我都未涉及具体内容，如各种规范伦理学或政治哲学如何因时代、文化、传统的不同而有何不同。

刘： 仅述其大略，这有点可惜啦。这次历史三性中没谈偶然性。

李： 也丝毫没谈心理三要素如何具体结构培育才使个体美德能够形成，等等。所有这些均尚待进一步阐释展开，历史偶然性也未能谈了，可参考我那本《从美感两重性到情本体》的增补本，其中谈了一些。其实，偶然性只能等后人来谈了。总之，因历史已不仅仅是与自己无关的事件、人物、数字等的抽象认知，而且是对往昔无数个人的具体的悲欢离合、喜怒哀伤的情感体会和把握。特别在现代，人们将逐渐结束作为工具的生存和生活，主体性（Subjectality）以“大我”（the great ego，如 humankind，nation etc.）为主体（subjectality）逐渐变为以“小我”（individual）为主体（subjectality），虽然“小我”始终不能完全离开“大我”，“小我”也毕竟只是“大我”一个很小很小的部分（参见拙作《批判》《历史本体论》等著作）。现在要强调每个人都在创造历史，偶然性也就在不断扩大，不确定性也在增大，其哲学阐释将非今日所能作了，哲学只应及时提出它的问题。

刘： 留给后人去做吧。这似乎有关系到道德与宗教的关系。

李： 既然标题仍涉及伦理学，就再说几句。Kant 说道德最终要走入宗教，我也说过道德与超道德，后者便正是指宗教（基督教、伊斯兰教等）或审美的天地境界（中国）。

刘： 这是您的“超道德”论，在何种是“超”道德的呢？

李： 因为“我为什么要道德”的最终答案，例如“牺牲自己为了什么”，最终涉及了我的“生命意义”的问题。

刘： 生命意义？这个问题有无答案。

李：“生命意义”本无任何确定的答案，它是由个体去选择和决定的。此亦“自由意志”。

刘： 您始终是位“自由意志”决定论者吧。

李： 因为生命和人生的虚无性正是在这里鲜明地凸显出来，为什么活？为什么死？从而去行动，从而去遵守、履行或反抗、叛逆某种伦理规范，出现某种道德或不道德行为（道德的标准又是什么），这是由每个人的思想（观念）、情感又特别是信仰所决定的。我在20世纪70年代便说过哲学是科学加诗，即哲学不只是认识论，不只是追求真理，而是与人生境界有关。

刘：哦，这是指向所谓“超道德”的向度了吧。

李：因之，伦理道德的最高目标，在有基督教传统背景的Kant，是某种福德一致，但它在现实中不可能，只可能在不可知的另个世界才能实现，所以必需保留对上帝、灵魂的先验幻相。

刘：那在中国呢？福德何以一致？

李：在中国非人格神背景的天道=人道的巫史传统中，宋儒所追求道德而又超道德的“孔颜乐处”只能实现在“天人合一”“万物与我同一”又并不亢现世的高级“悦神”的审美境地中。那个完全脱离人世的悲欢离合喜怒哀乐的纯灵、至上的形上世界，如我在《美育代宗教》文中强调所说，实际上是异常单调、同质、贫乏、空幻的。

刘：这是我最赞同的地方，由此走向“审美形而上学”！

李：历史本体论承继这个传统，将“空而有”“四大皆空人还得活”作为道德行动的前提放在“人与宇宙协同共在”的先验的信仰设定中。既然哲学研究命运，历史进入形上，寻求历史中的“天道”便使“做一个什么样的人”的美德伦理背负着“为生民立命”的历史责任感或使命感（calling），“以美启真”“以美储善”“以美立命”便可以成为追求和实现个体生命意义而“知其不可而为之”，并与宇宙协同共在。

刘：“人与宇宙协同共在”，就是新的“天人合一”！

李：“修辞立其诚”。语言是公共的，心理是个体的，走出语言走向心理的“诚”，开始体验与宇宙协同共在的审美愉悦，“诚者，天之道也，诚之者，人之道也”，天道、人道在审美境地中合一，是为天地境界，是为“孔颜乐处”。我认为这也就是“尽心、知性、知天”，也就是对不可知其源由的宇宙“物自体”敬畏愉悦的情感信仰和“天人合一”。可见，审美并不只是“平畴交远风，良苗亦怀新”“涧户寂无人，纷纷开且落”式的淡泊宁静，无意无我，而且也可以是贝多芬第九交响曲欢乐颂、浮士德无限追求的落幕式的雄浑壮阔天风海涛，两者都可以是高华超绝的悦志悦神、天人合一。这个个体心理情感本体上的天人合一，又仍然建立在今日高科技发展所携来的工具—社会本体的天人合一的生活方式基础之上。（参阅拙作《中国古代思想史论》谈“天人合一”，1985 年版）

我记得曾说过，《论语今读》之后，本来还想做的是关于《老子》《中庸》《周易》三书的今读，结果都没有做。其中《周易》最重要，比《论语》还重要。因为正是它首先突出了“历史进入形上”。《易》最后两卦是“既济”和“未济”，永远指向开放性的未来，亦即“人活着”的命运未来，其中如“潜龙勿用”“见龙在田”“或跃在渊”“飞龙在天”“亢龙有悔”，指明由潜在的可能，实现为一番功勋事迹，然后飞黄腾达，功业圆满，最后“盈不能久”，稍一过“度”，便“有悔”无遗了。这不正是历史经验和教训的“天道”准则么？这不正是“历史进入形上”和“天人合一”么？这种客观的人道＝天道，才是人生的基础，个体心理的依据。

总之，人是历史的存在，历史进入形上，便使这个“空而有”充满了世间人际种种悲欢离合的浓郁情感，并可将现实的更多情感提升到本体实在的高度去作审美领悟或体验，而不致滑向干枯、寂灭或自圣。我说过 Time is emotional（时间是情感的），此即我说的不同于时间的时间性（见《美育代宗教》文）。它在超脱或超越那个体的有限和无常的审美情境中，如对废墟那实在感与虚无感共在便是对人的有限性、偶然性的存在体验，并增添着深刻的悲剧音调。而在丰满的世俗中悟天道，便成为审美形而上学。所以我提出中国的美学是“大美学”（The Great Aesthetics）而不符合不等同于西方的 Aesthetics。

刘：这就不仅是历史成为形而上，也是形而上走向审美。

李：这样，美学也就是第一哲学。一切终将归于虚无。但人还得活下去，如何活？“知其不可而为之”，即仍然奋力前行，不负此三生有幸，不负于人类生存延续这个最大的实在和最高的价值。

刘：哎呀呀，这就是我一直要追问的——美学如何成为第一哲学？而不似 Levinas 那种伦理学作为第一哲学。

李：我在《论语今读》新版序曾说，“岁云暮矣，人已残年，来日无多，盍胜警悚”。中国古话说，“人贵有自知之明”，我自知乃老朽一枚，确太陈旧，早就不该如此多言，特别今天所说以前已多次讲过，你寄给我的《关于“内圣外王之道”（提纲）》的短文，是 1994 年发表的，其实哪家愿意，我可以再发表一次，只字不改。足见我确实顽固如昔，不能与时俱进，从而更不宜在此啰嗦了。谨以此告别诸位，祝大家身心康健，新春快乐！

（原载《探索与争鸣》2020 年第 1 期，有增补，以此稿为准）

［附文一］旧文一段

哲学总是从最根本的地方、从所谓“原始现象”谈起，从头谈起。我认为，这个“头”，这个“根本”或“原始现象”，就是“人活着”这一事实。

其他的一切，如“语言”“上帝”“纯粹意识”“客观世界”等等，都是派生的或从属于“人活着”这一事实的。

“人活着”便生发出或包含着三大问题：如何活？为什么活？活得怎样？

作为个体的“人活着”，是一种被扔进一个“与他人共在”的世界中的存在（to be with others，within-the-world），但人又总是一个特定生物族类（人类）的一员而存活着，这不是个体所能选择和决定的。

这种“人活着”也就是日常生活、生活形式或社会存在（everyday life，form of life，social existence）。

可见，“人活着”的第一个含义是“如何活”。所谓“第一个含义”，是指“如何活”比“为什么活”要优先。也就是说，“活”比“活的意义”（what means to be）、非本真（unauthentic）的存在比本真（authentic）的存在要优先。因为只有“活着”才有“活的意义”的问题。

于是先要来察看人如何活。人活着必须食、衣、住、行，亦即人的生产—生活方式，其核心和特征是我十多年前即强调提出过的：以制造—使用工具为基础的群体实践活动，即人类学主体论，或亦可名之曰历史本体论。我以为，语言以及其他许多东西都是从这里生发出来的，所以，是使用—制造工具的活动而非语言，才是“如何活”的根本，才是“存在之家”（the house of Being），至今我仍然坚持这一点。语言的经络——语法、逻辑，便是从“与他人共在”（即群体生存的活动亦即人）“如何活”（首先又仍然是使用—制造工具）的需要和规范中生发出来，而成为律令的，它首先是伦理的，**而后才成为认识—思维的**。深奥的问题在于这如何可能，这种可能意味什么？

但“如何活”不能替代“为什么活”。我在另处说过，没有什么“科学的人生观”。知道了社会法则或群体要求并不就解决了“我为什么活”。人类主体性只是个体主体性的前提，却并不替代后者。

个人被偶然地生下来，抛掷在这个世界里，人生似乎很无聊。但人又是动物，有恋生之情（不会都去自杀），不管如何厌世、悲观、无聊，又还得活着。那为什么活呢？

回答“为什么活”，有各种各样的宗教信念、伦理学说和社会规范。有人为上帝活，有人为子孙活；有人为民族、国家、政党、他人活；有人为自己的名誉、地位、钱财、享受活；有人为活而活；有人无所谓为什么活而活……所有这些，都有某种文学艺术来表现，也都有某种理论、哲学来论证，但又都不见得能解决问题。为什么活？仍然是由你自己去寻求、去选择、去决定。特别是在明天，当“如何活”（人能活下来）大体不成问题的时候，为争取活而活作为“为什么活”的意义和动力（如“革命的人生观”）逐渐消失之后，这问题将更突出。

（1992年。摘自《迟发的悼念稿（悼冯友兰）》，北京三联书店《李泽厚集·杂著集》）

［附文二］《康德新探》（《批判哲学的批判》）英译本序

本书是在中国“文化大革命”时期的1972—1976年写成的，1979年出版。以后虽多次再版，但因我已离开康德研究的领域，对本书讲述康德的部分未能有什么修改。“康德新解”是最初拟定的书名，因为当时各种情况，未能采用。中文版书名一直是《批判哲学的批判——康德述评》。

何谓“康德新解》？是想在叙述、介绍、解说和评论康德哲学的过程中，初步表达自己的“人类学历史本体论”哲学思想。它以唯物论、实践论和积淀论（The theory of sedimentation）为基础，突出康德“人是什么”（What is the Human being）的主题，强调康德提出的“认识如何可能”（先天综合判断如何可能）只能由“人类如何可能”来解答。并认为，康德哲学实质上是提出和探讨“什么是人性”的问题。我认为人性（human nature）不是上帝授予，也不是自然进化的结果，而是百万年人类制造—使用工具的社会群体实践所历史地建立起来的人性心理（human psychology）。这里的心理（psychology），不是指现实的心理经验或经验的实证科学，而是从哲学上认为人类具有自我建构而为动物所无的心理形式结构（psychological forms、structures、frameworks）。所以本书表层述评是由康德讲到马克思，实际上是由马克思回到康德，即由人以制造—使用工具的物质实践活动和社会关系作为生存基础，提出和论说似乎是“先验”的认识、道德、审美的心理形式结构的来由和塑建，这就把康德颠倒了过来，并认为这可以与中国传统儒学联结起来。

也许，在这里我首先需要回答的问题是，我是否马克思主义者？因为书名副标题和书内许多地方都提到了它。

回答是，“yes and no”。

先讲“no”。

“no”有三条。一、我认为马克思主义是一部分现代知识分子对社会现实的革命追求和对未来远景的理论设想，它并不具有阶级性质，从而它并不是某特定阶级的世界观。二、我不认同“阶级斗争是推动历史前进的动力”等学说，不赞成“阶级斗争为纲”、无产阶级专政为马克思主义的必备纲领和核心理论。三、我以康德先验辩证篇为榜样，认为《资本论》以“抽象劳动”“社会必要劳动时间”这些缺乏经验依据的基本概念，抽象地、逻辑地推论出没有资本、商品、市场经济，是一种缺乏客观现实可能的“先验幻相”，它并无实现的可能性和必要性，设计具体方案和步骤（如人民公社、“五七”道路）去实现这一幻相的“理想社会”，便会造成巨大灾难。

如果以这三条衡量，我当然不是马克思主义者。

“yes”只有一条，但这一条我认为很根本、很重要。几十年来，我坚持认为制造—使用工具的群体实践活动是人类起源和发展的决定性因素，从而，这也就是认同马克思、恩格斯所提出的制造工具、科技、生产力和经济是自古至今人类社会生活的根本基础。我认为这就是唯物史观的硬核（hard core），这一史观的其他部分，我并不接受。但我认为唯物史观的这一硬核是马克思、恩格斯留下的最可珍贵的遗产。而这恰好可以与重视人的物质生命、此世生存、现实生活的中国儒学非常一致。

此外，我以前认为儒学传统的大同理想：“货恶其弃于地也，不必藏于己；力恶其不出于身也，不必为己。”（《礼记·礼运》）与共产主义的“各尽所能、各取所需”等，可以相互联结，作为鼓舞人心、团聚人群去改变世界（包括自我身心）的情感信仰和“社会理想”，成为中国传统的（政治）宗教性道德的重要延续。现在看来并非如此，因为前者是“社会理想”，后者是“理想社会”，所以只能以上述“硬核”作为唯一标准，我才可以是儒学—马克思主义者。

为什么要加上儒学？

我以为马克思、恩格斯论证了人类社会的物质生存的历史层面，而没有着重探讨人的内在心理。人性却始终是儒学的中心课题。儒学强调“内圣开外王”。我从哲学上提出“文化—心理结构”（cultural-psychological formation）和“情理结构”（emotional-rational structure）等概念，在科学上，我认为脑科学（brain science）、心理学和教育学，将以实证地、具体地研究人性而成为未来学科的中心。而这又恰恰是对康德提出的“人是什么”、实即“人性是什么”的根本问题的新解。我说过，《人类学历史本体论》是中国儒学、康德与马克思三合一。但写作本书时，正值毛泽东发动“批孔大运动”，我不可能谈儒学，而且这毕竟只是一本讲康德的书，所以必须与我几乎同时写作、发表（如 1976—1978 年写作、1980 年发表的《孔子再评价》）的其他著作，特别是以后的著作和这些著作中提出的“度的本体性”（proper measure）、“实用理性”（pragmatic reason）、“乐感文化”（The Culture of optimism）、“两种道德论”（The two morals）、“情本体”（emotion as substance）等联结起来，才能充分看到这个“三合一”。当然，这个“三合一”只是主体，其中还吸取融入了好些其他的中外学说和思想，包括海德格尔、维特根斯坦、杜威、皮亚杰等等。

但即便如此，关于“什么是人性”的“三合一”探索，仍然以或明或暗的方式呈现在这本书内。

例如，在认识论，我回答康德那著名的“感性与知性的不可知的共同根源”的问题，认为它不是先验想象，而是人类实践，即认为感性源于个体实践的感觉经验，知性源于人类实践历史的心理形式。康德归诸“先验”的知性范畴和原理，我以为是百万年人类的独特实践对心理结构形式的塑建成果。它通过语言和教育（广义）传递给下代，代代相传，对个体来说，成了“先验”。本书中突出以客观社会性来替代普遍必然性，就是以实用理性和“一个世界”观来倒转那个并无由来的康德的“纯粹理性”，就是强调人通过行动中所不断把握、创造、开发和恒动不居的“度的本体性”，来建立各种确定的客观社会性，以替代那所谓普遍必然的本体世界。对“人类学历史本体论”哲学而言，不可知只可敬畏者是宇宙为何存在的物质物自体，即宇宙本身，亦我所说的“理性的神秘”之所在。这个“只可思之，不可知之”的物自体及其“宇宙与人协同共在”等根本设定，使“一切发现均发明”的认识论具有无比开拓的前景。所有这些，可能不会为有“两个世界”悠长背景的西方学人所接受，却正是基于中国传统所可作的现代解说。

例如，在伦理学，康德著名的三条“绝对律令”（categorical imperative），我以为其中“普遍立法”和“自由意志”两条，也是百万年人类心理塑建的形式结构。“人是目的”则并非“绝对律令”，它是具有某种普遍性并兼理想性的现代社会性道德（modern social moral）。道德是以理性而非情感为基础，观念是理性的内容，它随时代、社会、文化不同而变迁，理性的形式是意志，它是自古至今人类道德行为和心理的普遍必然性的（仍乃客观社会性的）不变结构。

美学方面当然也是如此。它更涉及个体身心、感性理性的水乳交融等等。

总之，对个人来说的“先验”，实际上是人类总体经验所历史地积淀而建立的，这就是《人类学历史本体论》（*A Theory of Anthropo-Historical Ontology*）所说的“经验变先验，历史建理性，心理成本体”［empirical turns into transcendental（a priori）；history builds up rationality（reason）；psychology grows into substance］。这也就是 A New Key to Kant 的 Key。它是以中国儒学为基地，接受马克思，对康德所作出的一种新的理解和解说。

达尔文以自然进化谈了人类起源，现代社会生物学论证人与动物的相同相似，认为动物也有道德、审美甚至政治等等，本书接受达尔文，但反对后一学说和潮流。达尔文的终点是我另开炉灶的起点。我认为“人是甚么”“人类如何可能”“人何以为人”已非自然演化所能决定或解释，而属于人类自我塑建问题。从本书开始，到我最近的论著，我一直从中国儒学特别重视人兽区分（the distinction between human being and animals）这一根本观点出发，提出人类心理的文化历史积淀，认为尽管许多动物甚至鸟类也使用工具，但人类为维持生存，百万年必要而充分地制造—使用工具的群体实践，使人类突破了基因极为接近的黑猩猩之类的动物生活，萌生了理性、情理结构、语言（主要是动物所没有而与工具制造使用有关的语义），从而，逐渐开启、产生和决定了对待自然和对待群己关系不同于动物的客观社会特征，开启、产生和决定了逻辑、数学、各种符号系统等不同于动物的人类认识形式和伦理规范、道德律令等不同于动物的行为方式；并且是由后者（伦理）引发出前者（认识）。我特别重视正是它们以后长久的独立发展，反过来不断地构造人生和生成现实，使人类获有了超生物的（supra-biological and super-biological）的肢体、性能、存在、价值和独有的主体性（subjectality 实践、行为、活动）和主观性（subjectivity 心理、认识、审美）。也正是负载着和积淀着这种历史经验，才使语言成为存在之家（house of Being）。尽管以此为基础的现代文明带来了各种祸害灾难，但总体来说，毕竟利大于害，使人类生活和生存迈进了一大步，这正是今日儒学所应重视和书写的“人类简史”。本书未能展开这些，只是通过论述康德，作了一个隐秘的导论。

这毕竟是一本四十年前的书了，而且是写在当时中国的恶劣情境中。如果今天来写，肯定会很不一样。我已年老体衰，无力再作，包括书中留下许多缺陷和时代印痕，也不能修改、订正了，我甚至不能够审阅这个英文版的绝大部分译文，深感愧疚，读者谅之。

此序。

2016.10，Boulder，Colorado

（原载上海《社会科学报》总1538期，2016年12月19日）

（交付出版前决定书名改为 *A New Approach to Kant* 即《康德新探》，“谦受益”，古训也。丙申腊月李记）

[附表] 中国历史主义与西方自由主义的差异

序号	中国历史主义	西方自由主义
Ⅰ	**由大我**（The Great Ego）：远古、古代、中世纪的 clan，tribe，nation，religion etc. ……到小我（small individual）。	**自我个体**。上帝创造亚当、夏娃，特别自路德新教个体能与上帝直接沟通后。
Ⅱ	**实用理性**。理性从经验中的合理性而来，是历史积淀的心理结构。自由、平等、人权、民主均是具体环境下的历史产物。在近现代，以自由出卖劳动力的市场经济、契约原则等为原则，远古、古代并无此。 人类历史因使用制造工具即科技（从原始石器到今日高科技）为经济发展的核心和动力，总体是向前发展的，但有时会出现倒退，所以不是经济决定论。但“如何活”仍然比“活的意义”（“自杀”是哲学首要问题）要优先。	**先验理性**。无由来，超人类，乃“至上”如天赋人权、人生而平等；以“无知之幕”为前提的设定等。 理性价值主宰、支配一切，忽视人性的陶冶和成长，人作为动物存在有不同动物的诸多方面，如理性与情感的交错结构，因之常使知识（科学）与信仰（宗教）对峙、分裂、纠缠、困恼。哲学走向碎片化（科学式的专题细节探索）和抽象化（往返在非日常语言的思考论讨中）。
Ⅲ	**客观社会性**。从而重视偶然性。重视命运（人类、民族、国家）以及个体存在（从出生到整个人生到死亡），均具有一定的偶然性，如何抓住有利的偶然性避免不利的偶然性至为重要。认为探寻关系亿万人群的“人（我）活着”等根本疑难更应是哲学主题，其中包括历史与伦理的二律背反、历史积淀为心理的自由意志诸问题。	**普遍必然性**。从而重视决定性。认为历史和现实将普遍遵循理性之路，线性进展，轻视多元传统、精神生活对物质生活的相对独立性。 命运由上帝决定，与哲学可以无干。
Ⅳ	**关系主义，两德论**：伦理（社会）与道德（个体）区分的必要，重视中国传统伦理的社会角色关系（五伦）转化为指引和范导现代社会性道德中的个体情感关系［情感中的角色，如平等的兄弟之爱也有兄友（more tolerant）弟恭（more respect）的差异等等］重要性质。	**个体主义，一德论**：一方面是将政治与道德脱钩。以原子个人为主体的现代社会性道德，被视为只是政治哲学，可以与道德无关。另方面基督教爱的传统本也以平等的个体为基础。所以也可以混同两德。J. Rawls《公正论》（*A Theory of Justice*）中谈到情感的 sense of Justice 章，兄弟之间也只是平等的爱。

续表

<table>
<tr><th>序号</th><th>中国历史主义</th><th>西方自由主义</th></tr>
<tr><td>Ⅴ</td><td>一个世界：有情宇宙观。设定对那不可知的物质宇宙为何存在的“物自体”（亦即“天道”）的肯定性情感信仰。哲学追求在人道中呈现“天道”，历史进入形而上学。个体追求与大自然融为一体，美学成为第一哲学。</td><td>两个世界：基督教、伊斯兰教……以至各种邪教。哲学追求永恒的Being，成为形而上学。个体追求灵魂不朽、皈依上帝、进入天国，强调人对自然的征服，美学是与感觉相关的低级认识学科。</td></tr>
<tr><td>Ⅵ</td><td colspan="2">结语：两者有差异却并不对立，相反，历史主义反对尼采以来反启蒙反理性的后现代主义思潮，高度肯定自由主义的伟大贡献和至今具有的现实价值，并吸收、消化自由主义和启蒙理性的世界成就和优长，去其弊病，而不断发展自己。</td></tr>
</table>

注：对西方自由主义的概括非常**粗陋肤浅，很不准确**，此表主要是简略陈述我的“人类学历史本体论”哲学。现在就总体来说，应与自由主义联盟，以对抗总体绝对主义、各种新权威主义和政治宗教。至于自由主义内部保守与激进之分以及各种分歧、冲突和争斗，则不在此表范围内。

图书在版编目(CIP)数据

李泽厚集/李泽厚著．—长沙：岳麓书社，2021.1(2021.11重印)
ISBN 978-7-5538-1458-2

Ⅰ.①李… Ⅱ.①李… Ⅲ.①伦理学—文集 Ⅳ.①B82-53

中国版本图书馆CIP数据核字(2020)第232028号

LI ZE HOU JI
李泽厚集

作　　者：李泽厚
责任编辑：彭卫才
特邀编辑：黄友爱
责任校对：舒　舍
封面设计：刘　峰

岳麓书社出版发行
地址：湖南省长沙市爱民路47号
直销电话：0731-88804152　0731-88885616
邮编：410006

版次：2021年1月第1版
印次：2021年11月第2次印刷
开本：710mm×1000mm　1/16
印张：12.5
字数：168千字
书号：ISBN 978-7-5538-1458-2
定价：56.00元

承印：湖南省众鑫印务有限公司
如有印装质量问题，请与本社印务部联系
电话：0731-88884129